De la Bibliothéque de Mre
François Robert Secousse,
Prestre Docteur en Théologie
de la faculté de Paris, de la
maison et Société de Navarre,
et Curé de l'Eglise Parroissiale
de St Eustache, à Paris.

Par le Sr Cl. Gadroys.

DISCOURS
SUR
LES INFLUENCES DES ASTRES.

DISCOURS
SUR
LES INFLUENCES DES ASTRES,
SELON LES PRINCIPES DE M. DESCARTES.

A PARIS,
Chez JEAN-BAPTISTE COIGNARD,
ruë S. Jacques, à la Bible d'or.

M. DC. LXXI.

AVEC PRIVILEGE DU ROY.

PREFACE.

LA nature est une grande école ouverte à tout le monde, ou plûtôt un grand livre, où chacun a droit de chercher la verité; les lettres de ce livre sont sensibles, mais le sens qu'elles enferment est souvent tres-obscur; & il y a plusieurs effets dans la nature, qui tombent sous nos sens, dont la cause nous est tout à fait inconnuë.

Il semble que Dieu ait pris

plaiſir de couvrir la verité de nuages épais, afin d'exercer l'eſprit des hommes par la difficulté de la trouver. Cependant comme pluſieurs ſont ennemis du travail, il y en a peu qui la recherchent par eux-mêmes. Quelqu'amour que l'on ait pour l'indépendance, on eſt toujours plus diſpoſé à reconnoître l'autorité des grands hommes, qu'à s'engager à découvrir ſoi-même les choſes difficiles.

Il ſeroit malaiſé de rencontrer une queſtion où cela parut davantage, que dans celle qui regarde les Influences. Elles ont été, dans un tems généralement approuvées, & dans un autre généralement rejettées :

Les Anciens les ont ſoutenuës, & tous les Modernes les combattent : On appelloit autrefois ſages tous ceux qui étudioient la ſcience des Aſtres, & on fait paſſer aujourd'hui pour des inſenſez tous ceux qui l'embraſſent. De ſorte qu'à preſent, il ſemble qu'il ne ſoit pas permis de s'attacher à l'Aſtrologie, & qu'on ne ſçauroit, ſans ſe rendre ſuſpect de préſomption, ſe diſpenſer de ſuivre le ſentiment des Modernes.

Neanmoins, comme il n'y a que la raiſon qui puiſſe captiver nos eſprits dans les choſes qui ne dépendent point de l'autorité ni de la révélation divine ; il me ſemble, qu'on ne peut empêcher une personne d'affecter certaines connoissances, lorsqu'elle se sent portée à en examiner la verité. La science est naturelle à l'homme; & quoique Dieu, aprés le péché d'Adam, l'ait environnée de ténébres, ne voulant pas détruire entiérement son ouvrage, il lui a laissé le desir de sçavoir, comme un moien, par lequel il pourroit se rétablir dans son premier état. Ce desir le pousse à la recherche des causes, dont il admire les effets: Cette recherche réïtérée fait la mémoire; la mémoire est suivie de l'expérience; & l'expérience engendre la science. Or lorsque l'on retient l'esprit dans les bornes de l'autorité humaine, on rend inutiles ses desirs; on rend vains ses moiens; en un mot on le captive, on le tirannise.

Les sciences purement humaines, ne méritent pas cependant tant d'estime que l'on pense. Elles sont toutes stériles en elles-mêmes; & elles ne font point le souverain bonheur de l'homme. Quelque sçavant qu'on devienne; on n'en devient pas pour cela plus sage, ni moins passionné; plus heureux, ni moins misérable; plus saint, ni moins criminel: & souvent tout le fruit qu'on en retire est d'en devenir plus superbe, quoi qu'on n'ait dans l'esprit que des spéculations séches

& infructueuſes.

C'eſt donc un tres-grand défaut de rechercher ces ſciences pour elles-mêmes, & c'en eſt encore un plus grand de tirer vanité des choſes qu'on peut y découvrir : mais c'eſt un avantage tres-conſidérable de raporter nôtre étude à des fins plus relévées; & de la faire ſervir à connoître la grandeur de Dieu dans la beauté des effets qui ſont ſortis de ſes mains.

C'eſt dans cette penſée qu'on peut utilement s'emploier à examiner les Influences: Comme c'eſt une queſtion qui a partagé juſques ici les eſprits; & qui fait une des plus belles parties de la Philoſophie, elle peut plus qu'aucune autre nous élever à la connoiſſance de Dieu : Peut on regarder les corps céleſtes, ſans reconnoître en même tems la puiſſance qui les a formez ? Peut-on en admirer la diſpoſition ſans adorer la ſageſſe qui les a diſpoſez ? Peut-on enfin découvrir les loix qui les gouvernent, ſans avoüer la providence qui les conduit ? Toutes ces choſes ne pourroient ſe maintenir dans un ſi bel ordre, ſi elles n'étoient ſoutenuës d'une main toute puiſſante.

Je laiſſe aux autres à examiner ſi le ciel eſt comme un livre, où Dieu a décrit le paſſé, le préſent, & l'avenir : Je n'examine point aussi l'opinion d'Origene, qui s'appuiant sur un passage qu'il avoit tiré de Josephe, croioit que les Etoiles étoient rangées en forme de caractéres; & qu'elles renfermoient quelques mistéres, qu'on pouvoit découvrir.

Legi in tabulis cœli quæcumque contingent vobis & filiis vestris. *Iacob à ses enfans.*

Je m'arrêterai seulement à considérer les Astres; & je verrai s'il est vrai qu'ils envoient ici-bas des Influences particuliéres; & s'ils peuvent quelque chose sur nos inclinations & sur nos volontez. Je m'y arrêterai dautant plus volontiers qu'une grande partie du monde y ajoûte facilement foi. On a peine à s'imaginer que ces beaux corps célestes demeurent oisifs; qu'ils n'agissent point sur les corps d'ici-bas; qu'ils ne les meuvent & ne les gouvernent point; & qu'ils n'entretiennent point toutes les choſes ſublunaires. On les croit auſſi puiſſans, qu'on les voit élevez au deſſus de ſoi; & quoi qu'on affecte le nom de ſouverain, on fait gloire de ſe dire eſclave des Aſtres.

Il n'y a rien de plus avantageux que le diſcernement: rien au contraire de plus nuiſible que la préocupation. Une application ſolide nous procure l'un, & nous délivre de l'autre; & elle empêche que nous ne donnions plus ou moins aux choſes, qu'elles ne demandent. On parle par tout des Influences: mais on en parle diverſement. Les uns attribuent aux Aſtres les mouvemens mêmes les plus ſecrets de nos ames : les autres ne leur attribuent rien, & ne reconnoiſſent pas même d'Influences. Comme les premiers, qu'on appelle Aſtrologues Judiciaires, ne ſont pas Philoſophes, & qu'ils veulent neanmoins paroître ſçavans ; ils ont recours, pour ſatisfaire aux demandes qu'on leur peut faire, à de certains mots de qualitez occultes : Et comme les autres ſont Philoſophes, pour n'être pas obligez de répondre, ils crient par avance contre les Influences, & condamnent la ſcience, qui les autoriſe,

Quelques-autres fondez ſur d'autres principes ont auſſi nié les Influences ; & c'eſt un défaut, où les hommes tombent aſſez ſouvent: Ils ont crû qu'ils devoient nier les choſes qu'ils ne pouvoient comprendre ; & que les Influences étoient de ce nombre : Mais il eſt facile de détromper ces gens-là ; & de leur faire voir qu'il y a des choſes qui ſont incomprehenſibles, dans leur maniére d'être, & qui ſont certaines dans leur exiſtence ; & quoi qu'on ne puiſſe concevoir comment ces choſes ſont ; il eſt certain neanmoins qu'elles ſont.

Les uns & les autres avoient cet avantage, que pour les convaincre de fauſſeté, on ne pouvoit trouver dans la Philosophie commune, de raisons solides. Ainsi si on a nié les Influences, on ne les a niées que parce qu'on n'avoit point de principes qui les établissent; & on a vû en cela le défaut & l'inutilité de cette Philosophie.

Et en effet la Philosophie commune a des principes si foibles, qu'on n'en peut tirer aucune conclusion. S'il arrive dans la nature quelque nouveau Phénoméne, ou l'on le prend pour un miracle, ou l'on a recours à de nouvelles suppositions : C'est proprement une science de mots; ce n'est pas une science de choses; elle remplit la bouche & elle laisse l'esprit l'esprit vuide ; & bien loin de former le jugement & de le régler, elle le gâte & le renverse. L'imagination même qui forme avec facilité les chiméres, se fait souvent violence pour se représenter les questions, dont cette Philosophie traite ; & dans le détour & l'embarras des difficultez dont elle est remplie, on a cent fois perdu de veuë le sens commun, & cent fois l'on l'y a cherché inutilement. Le hazard enfin donne plus de réponse que la raison n'en fournit ; & l'on répond plûtôt pour se tirer d'affaire, en éludant une verité qui presse, que pour en soutenir une autre que l'on aura conceuë. Cela me fait souvenir d'un de ces Philosophes qui se faisant justice à soi même, exhortoit ses Ecoliers à la fin de son cours, à oublier tout ce qu'il venoit de leur apprendre : c'est un aveu que le bon sens l'obligeoit de faire ; & que l'intérêt de ceux qu'il avoit enseignez exigeoit de sa sincérité.

Ainsi il faut chercher autrepart ce qu'elle ne peut nous découvrir : & je ne croi pas qu'on puisse plus avantageusement réüssir qu'en suivant M. Descartes : La beauté de ses principes éclatera en cette matiére d'autant plus, qu'elle découvrira plusieurs choses, que l'on a cruës jusques à présent impossibles.

Je n'ai entrepris cet ouvrage que dans le dessein de faire voir ce qu'on doit croire des Influences ; & d'empêcher ou que l'on ne tombe dans les superstitions des Astrologues, ou que l'on ne se soumette aux préjugez des Philosophes. C'est pourquoi je traiterai cette matiére, comme si avant moi personne ne l'avoit encore traitée ; & je tâcherai de suivre un chemin qui bien qu'éloigné du commun, sera cependant tout ensemble & moins dangereux & moins pénible.

Ce n'est pas que je dise que ce chemin soit le chemin de la verité ; mon imagination peut me tromper ; & ce qui me paroît le plus veritable, n'est peut-être veritable qu'à mes yeux : Une mere ne trouve pas son enfant mal fait : Un Peintre ne trouve pas ses ouvrages défectueux : Chacun aime ses productions ; & comme on ne les regarde d'ordinaire qu'au travers de l'amour propre, ce voile qui les couvre les met dans un jour si avantageux, qu'elles paroissent souvent aussi belles qu'elles sont difformes : Ainsi parce que je n'oze prétendre que les choses soient comme je les décris, je ne dis pas qu'il m'en faille croire sérieusement.

DISCOURS DES INFLUENCES.

LE ſujet des Influences eſt ſi abſtrait & ſi difficile de ſoi-même, qu'il eſt neceſſaire pour s'y bien conduire de le traiter avec ordre. C'eſt pourquoi j'ai diviſé ce Traité en dix chapitres, où j'ai tâché d'enfermer toutes les queſtions que l'on peut propoſer ſur cette matiére.

Et afin de ne point s'égarer dans la ſuite, j'établis dans le premier chapitre l'état de la queſtion.

Les trois Chapitres ſuivans traitent des Aſtres, car il eſt impoſſible de connoître leurs influences avant que de connoître leur nature.

Le cinquiéme eſt emploié à montrer comment la matiére qui ſort des Aſtres peut venir ici bas; & apres avoir dit quelque choſe de cette matiére, l'on explique en quoi conſiſtent les conjonctions, les oppoſitions, & les differens aſpects des Aſtres.

On commence dans le ſixiéme à examiner les effets qu'on doit attribuër aux Aſtres, & l'on fait voir que la matiere celeſte eſt capable de cauſer les diverſes temperatures de l'air, & les differentes maladies qui arrivent en certaines ſaiſons.

On recherche dans le ſeptiéme ce que les Taliſmans peuvent avoir de veritable.

On conſidere dans le huitiéme comment la matiére celeſte peut cauſer dans les hommes quelques inclinations.

Ce qui me donne lieu de traiter dans le neufiéme des Planétes en particulier, & de faire voir quelles inclinations chacune d'elles peut produire dans nous.

Dans ces deux derniers chapitres pour ne point tomber dans l'erreur & dans la confuſion, on recherche d'abord la cauſe des humeurs & des inclinations des hommes : Car il n'eſt pas difficile aprés cela de déterminer ſi les Aſtres en peuvent être la cauſe. L'on examine enſuite ſelon les regles que Monſieur Deſcartes fournit dans ſes principes, la nature de chaque Planéte, & de la matiere qui en ſort, & faiſant entrer dans le cœur cette matiére, on voit quelle paſſion ou plûtôt quelle inclination elle peut cauſer dans un homme.

Enfin dans le dixiéme on parle de l'Aſtrologie Judiciaire, & des Horoſcopes; & aprés avoir fait voir le peu de fondement qu'ont les Aſtrologues de faire des jugemens particuliers ſur une naiſſance, on montre tout ce que l'on peut prévoir de nos actions par le moien des Aſtres.

CHAPITRE I.

Où l'on établit l'état de la question.

POUR découvrir en quoi consiste la célebre question des Influences, il n'est pas necessaire d'emploier beaucoup de paroles ; il n'y a personne qui ne sçache que lorsqu'on demande si l'on doit reconnoistre des Influences, on demande si les Astres agissent ici-bas, s'ils contribuënt à la generation des corps terrestres, & à la production des differentes temperatures de l'air & des diverses inclinations des hommes.

Les Astres, selon les Philosophes, aiant comme le Soleil les deux propriétez d'éclairer & d'échauffer, pourroient produire ici-bas pluſieurs effets, s'ils êtoient auſſi grands que le Soleil, & s'ils êtoient auſſi proches que lui de la terre.

Mais parce que les ſens n'ont encore pû juſques ici remarquer dans ces corps d'autre vertu qui les faſſe agir ici-bas, que la force de la chaleur & de la lumiére qu'ils nous communiquent, quelques-uns n'ont proportionné la puiſſance des Aſtres ſur les corps ſublunaires, qu'à la force de leur chaleur & de leur lumiére. Ainſi comme les Eſtoiles fixes & les Planétes ont une chaleur & une lumiére tres-foible, ils ont conclu que ces corps n'avoient pas plus de pouvoir dans le tourbillon de la Terre, qu'un flambeau allumé pouvoit en avoir ſur le fruit d'un Eſpaillier, ou ſur celuy d'une femme qui accouche.

Ce ſentiment eſt veritable ſi dans les Aſtres on ne regarde que la chaleur & que la lumiére; mais il faut encore y considerer quelqu'autre chose : & plusieurs celebres Philosophes, outre ces Influences generales de la chaleur & de la lumiére, attribuent encore aux Astres des Influences particulieres, & comme dit S. Jean Damescene, *Alios atque alios Planetas diversas complexiones, habitus & dispositiones in nobis constituere.* 2. De fide.

On sçait que ces Philosophes ne nous donnent aucune raison de ce qu'ils avancent, & que c'est pour ce sujet qu'ils nomment ces Influences particuliéres des qualitez cachées, c'est à dire qu'ils avoüent eux-mêmes qu'ils ne sçavent pas comment sont produits les effets qu'ils attribuënt aux Astres.

Mais quoi qu'en cette rencontre ils ne donnent pas de raison de leur opinion, on ne doit pas pour cela rejetter les Influences particulieres : Comme l'Etre des choses ne dépend pas de nôtre pensée, il est possible qu'il y ait une infinité de choſes qui exiſtent à nôtre inſceu. C'eſt aſſez prouver les Influences particulieres, que de faire voir que par la chaleur & par la lumiére on ne peut rendre raiſon de tous les effets que l'on remarque dans le tourbillon de la Terre. Peut-on ſans avoir recours aux Aſtres expliquer les propriétez de l'Aiman ? Peut-on rendre raiſon de toutes les differentes temperatures de l'air, qui arrivent lorſque le Soleil eſt également élevé ou abaiſſé ſur nôtre Horiſon ? Et peut-on ſans les Influences trouver les cauſes de certaines maladies contagieuſes, qui infectent quelquefois une partie de la terre, qui gâtent les grains & les fruits, qui font mourir les beſtiaux, & qui depeuplent les Provinces, & les Royaumes.

Ces veritez ont toujours eu tant de force ſur l'eſprit des Sçavans que S. Auguſtin avouë que toutes les choſes d'ici-bas ſont gouvernées

» par les corps celestes. L'ordre, dit-
» il, demande que les corps infe-
» rieurs comme les sublunaires,
» obeïssent à ceux qui tiennent le
milieu, & ceux du milieu aux «
corps celestes. «

Et S. Thomas dans le traité qu'il a fait contre les Gentils fait voir la vertu des Astres. Il est évident, « 3. cont. gent. c, 92,
dit-il, qu'outre les qualitez acti- «
ves & passives, que les corps ina- «
nimez reçoivent des Elemens, ils «
tirent des corps celestes des im- «
pressions puissantes. Ainsi l'Aiman «
est redevable aux Astres de la vertu qu'il a d'attirer le fer; ainsi certaines pierres, & certaines herbes leur sont pareillement redevables des vertus cachées qu'elles en ont receuës.

Ce Docteur ajoûte, que la force des Astres sur nos corps produit nos dispositions: c'est pourquoy selon la disposition que l'homme a receuë des corps celestes, il est estimé être heureux ou mal-heureux, & même bien né ou mal né.

En effet si un air serain, ou chargé se mélant dans nôtre corps avec nôtre sang est capable de nous rendre plus joyeux ou plus tristes; si un tems humide nous rend pesans, & si un tems sec nous rend dispos; enfin si selon que nos esprits reçoivent differentes impressions de l'air ou du tems, nous nous sentons differemment disposez, il semble qu'on ne doive pas trouver étrange qu'on dise que l'homme puisse emprunter des Astres ses humeurs.

Hipocrate, & Galien étoient si persuadez de cette verité, qu'ils ont voulu, qu'afin que le Medecin peust exercer heureusement son art, il eût une connoissance toute particuliere des Astres, & nous voyons que ceux qui suivent aujourd'huy ce conseil, pratiquent la medecine avec succez.

Je pourrois ici rapporter les passages des Peres qui ont avantageusement parlé de l'Astrologie; mais comme je ne pretens pas en faire ici l'éloge, je me contente de rapporter les sentimens de deux sçavans hommes qui ne peuvent pas être soupçonnez d'avoir favorisé les Influences. Pic de la Mirande, qu'on appelle le fleau des Astrologues, asseure dans l'ouvrage qu'il a composé contre l'Astrologie, « Que les corps celestes agissent sur les Elemens & sur tout le monde sublunaire: & à la fin du mesme chapitre il dit, que sans le secours des cieux il ne se fait rien dans le monde corporel. » Gassendi dans sa Philosophie dit la même chose, voici ses paroles: « On ne nie pas que Dieu n'ait donné aux Astres quelques puissances, mais on est en peine si les Astrologues les connoissent. »

l. 3. c. 4

pag. 943.

Ces témoignages sont dautant

plus considerables, que ces Philosophes faisoient ouvertement profession de combattre ceux qui consultoient les Astres : Ainsi comme on ne peut pas dire que cet aveu vienne ou de la préocupation, ou de l'ignorance, il faut avoüer que ces grands hommes attaquant la superstition des Astrologues, n'ont pourtant point attaqué la verité des Influences.

CHAPITRE II.

De la nature des Astres.

COmme je n'ai ici autre occasion de parler des Astres, que pour expliquer leurs Influences, il n'est pas besoin que j'en traite fort amplement, ni que je decide toutes les difficultez que l'on pourroit former à leur occasion.

Je ne m'arresterai donc point à rapporter les divers sentimens des anciens Philosophes ; l'on sçait que quelques-uns ont pensé que les Astres êtoient un air glacé ; que quelques autres ont crû qu'ils êtoient la partie la plus épaisse & la plus brillante des cieux ; que quelques autres ont soutenu qu'ils avoient le sentiment & la raison ; que d'autres enfin sont venus jusqu'à ce point d'impieté, que de les faire paſſer pour des divinitez, & de les croire dignes du culte & de l'adoration des peuples.

L'on ſçait auſſi que pour convaincre les uns de fauſſeté, il ne faut que les ſimples lumiéres de la raiſon; & que pour accuſer les autres d'idolatrie, il ne faut que les ſentimens de nôtre religion. Mais pour ne point tomber dans d'autres erreurs (comme nos yeux ne ſont pas aſſez perçans pour obſerver de ſi loin la nature des Aſtres) il faut voir ſi dans quelques corps ſublunaires nous ne pourrons point remarquer les mêmes qualitez que nous obſervons dans les corps celeſtes.

L'Ecole, il eſt vrai, n'eſt pas de ce ſentiment. Elle ſe perſuade qu'il y a une difference eſſentielle entre les corps celeſtes & les corps ſublunaires, parce que les uns ſont périſſables, & que les autres ſont incorruptibles : c'eſt pourquoi ſelon ſon opinion, la connoiſſance des corps ſublunaires ne peut nous conduire à la connoiſſance des corps celeſtes.

Il faut pourtant qu'elle ſçache que le ciel auſſi bien que la terre reçoit quelques fois des alterations. Quelque corps, comme les taches du Soleil, & comme les Cométes, ne paroiſſent-ils pas dans un tems & ne diſparoiſſent-ils pas dans un autre? La fameuſe Etoile, qui en l'année 1572. parut tout d'un coup dans la conſtellation de Caſſiopée, & qui deux ans apres diſparut, n'eſt-elle pas encore une preuve des changemens celeſtes?

Secondement ce que l'Ecole avance eſt ſans preuve & ne peut ſe ſoutenir, parce que ſelon ſon ſentiment les ſubſtances ne ſont point diverſes, quand elles peuvent ſe repréſenter par une même idée. En effet nous ne jugeons des choſes que par les idées que nous en avons, comme le rapport des idées nous fait juger du rapport des choſes; auſſi la diverſité des idées nous fait juger de la diverſité des mêmes choſes. Il n'y a point ici diverſité d'idée, la même idée qui nous répréſente les corps terreſtres comme des ſubſtances étenduës en longueur, en largeur, & en profondeur, nous repréſente les corps celeſtes comme des ſubſtances, qui ont toutes les mêmes dimenſions. Mais on verra encore mieux dans la ſuite de ce diſcours la fauſſeté de cette opinion.

On n'obſerve que deux qualitez dans les Aſtres, qui ſont d'éclairer & d'échauffer (je ne parle point encore de celles qui nous ſont inconnuës) mais on remarque qu'entre ces Aſtres, les uns luiſent par leur propre lumiére, & les autres ne luiſent que par celle qu'ils empruntent d'aild'ailleurs.

Le Soleil est du nombre de ceux qui luisent par leur propre lumiére : comme il est le corps le plus lumineux que nous appercevions dans le monde, aussi ne peut-il emprunter une lumiére si vive & si éclatante d'ailleurs que de lui-même.

Nous pouvons même croire que les Etoiles fixes, aussi bien que le Soleil, luisent d'elles-mêmes ; parce qu'outre qu'elles sont éloignées du Soleil d'une distance presque infinie ; elles ont des rayons si vifs & si étincelans, qu'il n'y a point d'apparence qu'elles empruntent une lumiére étrangere.

Ainsi nous ne nous imaginerons pas avec les Sectateurs d'Aristote & de Ptolomée, que les Etoiles fixes soient dans une même superficie, & soient attachez à leurs cieux comme les cloux sont attachez à leurs rouës ;

nous croirons plûtost que ce sont autant de soleils qui sont dans les centres de plusieurs tourbillons.

Mais au contraire les diverses faces sous lesquelles la Lune paroist, nous doivent faire croire qu'elle n'a point de lumiére d'elle-même, & qu'elle nous réflechit seulement celle qu'elle a receuë du Soleil.

Il en est de même de Venus & de Mercure, & l'on a depuis peu observé que ces deux planétes n'êtoient éclairées que du costé qui regarde le Soleil ; & quand l'on se sert de lunére à longue veuë, on reconnoist que dans le tems où l'on voit Venus fort grande, elle est toute ronde, & que lors qu'elle paroist fort petite, elle a la figure d'un croissant.

Pour ce qui est de Saturne, on ne doute plus apres que l'on la vû sous differentes figures, qu'il n'emprunte ſa lumiére du Soleil, & l'on peut raiſonnablement dire la même choſe de Mars, de Jupiter, & de pluſieurs autres petites planétes, d'autant que leur lumiére paroiſt beaucoup plus foible & moins éclatante que la lumiére des Etoiles fixes.

Ainſi il eſt neceſſaire de former differens jugemens du Soleil, des Etoiles fixes, & des planétes; & nous devons premierement chercher en quoi conſiſte le pouvoir qu'ont le Soleil, & les Etoiles fixes d'éclairer & d'échauffer: & ſecondement ce qui fait que les planétes réflechiſſent la lumiére qu'ils empruntent du Soleil.

CHAPITRE III.

De la nature du Soleil & des Etoiles fixes.

ENtre tous les corps ſublunaires M. Deſcartes n'a comparé qu'à la flamme le Soleil & les Etoiles fixes. En effet il n'y a que la flamme, qui comme ces corps celeſtes éclaire & échauffe, & il n'y a qu'elle qui ſoit capable de produire des effets ſemblables à ceux qu'ils produiſent.

Or la flamme eſt un amas de parties fort déliées & détachées les unes des autres, & chaque partie ſe meut tres-vîte à l'entour de ſon propre centre. Je dis que les parties de la flamme ſont détachées les unes des autres : Si ces parties ètoient jointes enſemble, elles ne compoſeroient plus un corps liquide, elles composeroient un corps dur, & ainsi elles ne pourroient agir separément contre les corps qu'elles touchent.

Je dis encore que les parties de la flamme se meuvent tres vîte ; la flamme dissipe tous les corps qui servent à la nourrir, & l'on voit que d'une grande quantité de bois que l'on peut brûler en une heure, il n'en reste que fort peu de cendres: Que sont donc devenuës toutes les autres parties ? Rien ne peut s'aneantir; il faut que dans le même tems qu'elles ont été converties en flamme, elles se soient dissipées. C'est pourquoi comme il a fallu pour se séparer les unes des autres, & aller dans les lieux où elles sont, qu'elles se soient extremement agitées; nous devons dire que la flamme est elle-même un mouvement, d'autant que dans les choses creées, aucun corps ne peut en mouvoir un autre qu'il ne soit lui même en mouvement.

Je dis enfin que chaque partie de la flamme se meut à l'entour de son propre centre. La chaleur ne consiste pas dans un mouvement direct, le vent le plus impétueux nous échaufferoit; elle ne consiste pas non plus dans le mouvement circulaire de tout un corps, la circonférence de la rouë d'un carosse devroit être chaude; elle ne consiste pas enfin dans un mouvement de haut en bas, de bas en haut, de droit à gauche, de gauche à droit; comme toutes les liqueurs ont un semblable mouvement, elles auroient de la chaleur: Il ne faut donc mettre l'essence de la chaleur que dans le mouvement de chaque partie à l'entour de son propre centre.

Mais comme il y a des personnes qui se fient plûtost au rapport des sens qu'aux lumiéres de la raison, on n'a qu'à s'approcher d'un flambeau, & on verra que les parcelles de cire qui ſont prêtes à s'enflammer, ſe meuvent avec vîteſſe chacune à l'entour de ſoi-même : on remarque encore la même choſe dans du pain brûlé, & dans de la ſalive que l'on fait tomber ſur un fer échauffé.

Ce que nous venons de dire de la flamme, ſe doit dire du Soleil & des Etoiles fixes : Ainſi nous pouvons définir ces Aſtres, en diſant que ce ſont des corps compoſez d'une matiére tres-liquide, & dont toutes les parties ſont fort agitées entr'elles. Je veux bien qu'on ne prenne ceci que pour une ſimple conjecture, & je deſirerois même que l'on ſuſpendit ſon jugement juſques à ce que j'euſſe tiré de cette ſuppoſition toutes les conſequences que l'experience nous découvre.

Et afin que l'obſcurité des termes n'embaraſſe point la ſuite des raiſonnemens, il faut 1°. sçavoir ce qu'on entend par premier, second, & troisiéme Element. Le premier Element est une matiére fort sûbtile, qui n'a pour partage que la seule vitesse du mouvement sans aucune figure déterminée. Le second est une matiére moins subtile, dont les parties sont rondes, & il se contente d'un mouvement mediocre. Enfin le troisiéme est une matiére grossiére, qui a des parties de figures fort embarassantes, avec un mouvement tres-lent, si vous le comparez aux deux autres.

Il faut secondement sçavoir que tous ces Elemens ont des lieux destinez où ils peuvent se conserver dans leur pureté naturelle. Le premier compose le Soleil & les Etoiles fixes; le second compose les cieux; & le troisiéme compose la terre, les planétes, & les Cométes: Ce n'est pas pourtant que ces trois Elemens ne se trouvent mélez dans

dans les corps qui nous environnent; mais on doit ſe repréſenter ces corps comme des éponges, quoiqu'il y ait quantité de leurs pores remplis d'eau, on ne juge pas que cette liqueur entre en la compoſition de l'éponge; cela ſupoſé:

Prémierement les corps du Soleil & des Etoiles fixes doivent être lumineux; car comme la matiére qui compoſe les Aſtres eſt en une grande agitation, elle doit pouſſer avec violence les petites boules du ſecond élement qui l'environnent, & ces petites boules rencontrant nos yeux en ébranlent les filamens du nerf optique, & nous cauſent un ſentiment que nous appellons lumiére, & qui nous fait paroître ces corps lumineux.

Je ne doute point que cette doctrine ne paroiſſe fort obſcure à ceux qui ne ſeront pas inſtruits des principes de M. Deſcartes, & qui n'auront jamais lû d'autre philosophie que celle de l'Ecole. C'est pourquoi pour la rendre & plus familiére, & plus intelligible, considérons que tout ce qui peut mouvoir les filamens des nerfs optiques, est capable d'exciter en nous le sentiment de lumiére. Quand par exemple le nerf optique est ébranlé par quelque coup, il nous fait voir mille étincelles, & même nous remarquons que quand nous avons été long-tems à un grand jour, si nous entrons ensuite dans un lieu sombre, nous voions toujours quelques raions de lumiére, parce que le nerf est encore ébranlé.

Secondement c'est une suite nécessaire, que si nous regardons trop fixement le Soleil, il nous ébloüit, & même il nous cause de la douleur. On en peut déja voir la raison: La grande agitation du second élement bouleverse pour lors toutes les parties de l'œil, & ébranle si fortement les filamens du nerf optique, qu'elle donne sujet à l'ame de craindre la perte de nos yeux, & de concevoir par consequent de la douleur; car selon la pensée même de S. Augustin, les douleurs corporelles ne sont point du corps, elles sont de l'ame qui est dans le corps, & qui les a àcause du corps. La répu-" gnance, dit ce Docteur, qu'a l'a-" me de voir que l'action par la-" quelle elle gouverne le corps est" empeschée par le trouble qui arri-" ve dans son temperament, est" ce qui s'appelle douleur. "

Cum affectiones corporis molestè sentit (anima) actionem suam, quâ illi regēdo adest, turbato ejus temperamēto impediri offēditur & hæc offēsio dolor vocatur *aul. 7. de la gen. à la le. tre ch. 19.*

Troisiémement on infere aussi de cette supposition la maniére avec laquelle le Soleil éclaire tout nôtre Horison, & comment la lumiére de cet Astre aussi bien que celle des Etoiles fixes parvient en un moment jusques à nous: & pour cela il faut concevoir, que la matiére du second élement étant répanduë par tout le monde; le corps lumineux, qui est comme nous avons dit, en une perpétuelle agitation, imprime son mouvement à cette matiére qui lui est contiguë : de sorte que comme un bâton long, si vous voulez, de mille lieuës, avance par un bout dans le tems qu'on le pousse par l'autre : de même la matiére du second Element qui nous touche, est agitée au même tems que le corps lumineux pousse celle qui lui est proche; d'où il s'ensuit qu'aussi-tôt que le corps lumineux est présent à nos yeux, nous le devons appercevoir.

Quelques-uns trouveront peut-être à redire à la comparaison que j'ai faite d'un bâton. La difference, diront-ils, est bien grande : Comme toutes les parties du bâton sont unies ensemble, & qu'elles se tiennent fermes & roides; il s'ensuit bien que quand on en pousse une partie, on pousse toutes les autres : Mais comme les parties du second élément sont séparées, & que par conséquent cet élement est souple & pliant, ce n'est pas une conséquence que lors qu'on meut une partie, on en doive mouvoir toutes les autres.

S'il y avoit du vuide dans le monde, cette objection paroîtroit tres forte, & même elle seroit invincible; mais comme tout est plein, elle tombe nécessairement en ruine. Supposons par exemple un Siphon rempli d'eau: Si par une branche l'on pousse d'un pié cette eau renfermée, l'on l'a fait par l'autre branche avancer d'un pié: Ecouteroit-on ceux qui diroient que cette eau ne devroit pas avancer de la sorte, parce que toutes ses parties sont separées, & que c'est un corps souple & pliant? Non sans doute, & ce raisonnement qui est si beau dans la spéculation, se trouve faux dans la pratique. Car si le Siphon est plein, où iront se placer les parties de l'eau qu'on pouſſe ? Comme elles ne peuvent s'échapper par aucun côté, elles doivent faire avancer de la même quantité qu'elles ſont pouſſées, les parties qui ſe trouvent derriére elles, & celles-ci d'autres encore juſques aux derniéres. Il en eſt de même de la matiére du ſecond Element ; quoi qu'elle ſoit ſouple & pliante, & que les eſpâces qui la renferment ſoient preſques infinies : neanmoins parce qu'il n'y a point de vuide, il faut qu'en même tems que le corps lumineux, qui eſt dans le centre, pouſſe la matiére qui lui eſt contiguë, celle qui eſt vers la circonférence ſoit pouſſée ; autrement il y auroit pénétration de corps, ce qui eſt contre le ſentiment de tous les Philoſophes.

Mais je voudrois bien qu'on nous dît comment donc la lumiére des Aſtres parvient juſques à nous en un moment ; croit-on que l'opinion de ceux qui enſeignent que ce tranſport momentanée se fait par propagation, soit plus facile à entendre? La premiére partie de la lumiére, dit-on, produit la seconde, la seconde produit la troisiéme, la troisiéme la quatriéme, & ainsi jusques à la cent-milliéme partie, si vous voulez: Pour moi qui ne sçaurois concevoir comment la nature peut dans un instant être si féconde en générations, j'avouë que je ne comprens rien ici; & ceux qui pour rendre cette explication plus intelligible, ont ajoûté que la vertu du Soleil s'applique en un moment à tout l'air, me laissent encore dans les mêmes difficultez: Il s'agit de sçavoir comment le Soleil en un instant s'applique à une si vaste étenduë: mais comme ils n'ont point d'autre fondement de leur opinion que cette hipoteze chimérique, ils prétendent avoir droit de s'exempter de la preuve.

Quatriémement le corps lumineux doit avoir la puiſſance d'exciter en nous le ſentiment de chaleur, c'eſt ce que j'ai déja montré au commencement de ce chapitre, & l'on ſçait que la puiſſance d'échauffer accompagne toujours celle d'éclairer, & qu'un corps qui a de la lumiére a auſſi de la chaleur.

Aprés avoir expliqué ces effets, je reprend la matiére qui compoſe le corps lumineux, & je dis qu'elle peut avoir beaucoup d'impuretez, c'eſt à dire qu'entre ſes parties, les unes peuvent être plus groſſiéres que les autres : Or comme ces parties groſſiéres ne peuvent ſuivre le mouvement des parties ſubtiles, elles doivent être repouſſées hors du corps de l' Aſtre : de ſorte que flotant ſur la ſuperficie des corps dont elles ont été rejettées, il arrive quelquefois, qu'à cauſe de leurs figures irrégulieres, elles s'accrochent les unes avec les autres, & s'uniſſent de telle ſorte qu'elles deviennent enfin des corps tres-épais, & tres-opaques: & ce sont les taches que l'on remarque quelquefois sur le corps du Soleil.

Et afin qu'on ne croie pas que j'asseure ceci sans raison, on n'a qu'à considérer ce qui se passe dans une liqueur qui bout sur le feu: l'on y voit à peu prés la même chose, & l'on remarque que tout ce qu'il y a d'impur vient en forme d'écume au dessus: Mais comme cette liqueur continuant de boüillir dissipe quelquefois son écume, & quelquefois aussi l'augmente davantage; de même nous pouvons penser que les Astres dissipent le plus souvent ces taches, mais que quelquefois ces taches s'endurcissent tellement, qu'elles sont long-tems sans pouvoir être dissipées: delà vient que quelques Etoiles nous paroissent plus petites aujourd'hui qu'elles n'ont paru autrefois, parce que ces taches ne couvrent quelquefois qu'une portion d'une Etoile.

Mais si ces taches s'amassent en quantité sur la superficie de quelque Etoile, nous pouvons prévoir, que comme les surfaces des liqueurs impures se couvrent quelquefois toutes d'écume, de même ces taches avec leurs figures irrégulieres peuvent s'embarasser ensemble, & couvrir enfin toute la superficie d'une Etoile.

Je sçai que le Soleil n'a jamais été entiérement offusqué par de semblables taches, mais il pourroit bien être vrai que quelques Etoiles en ont été tout à fait obscurcies, & que c'est peut-être la cause pourquoi quelques-unes ont disparu, comme une des sept Pleïades; & que quelques autres ont été apperceuës de nouveau, comme celle dont nous avons déja parlé, qui parut tout d'un coup dans la constellation de Cassiopée, & qui diminuant pendant deux années, disparut tout àfait.

En effet comme ces taches sont des corps opaques, il s'ensuit premiérement qu'une Etoile qui en est environnée n'envoie plus de lumiére vers nous.

Il s'ensuit secondement, que le tourbillon de cette Etoile doit entiérement se détruire: La raison est que comme elle est couverte de ces taches, elle ne peut plus communiquer assez de mouvement à la matiére du tourbillon dont elle occupe le centre. C'est pourquoi ce tourbillon ne sert plus qu'à augmenter les tourbillons voisins, qui s'accroissent à mesure qu'il se détruit.

Il s'ensuit troisiémement, que cette Etoile doit suivre le mouvement de quelqu'autre tourbillon. Il est vrai que comme un corps également poussé de tous côtez demeure immobile; de même, si tous les tourbillons d'alentour étoient égaux en force, cette Etoile demeureroit en repos ; mais comme il est difficile que ces tourbillons soient d'égale force, l'Etoile doit être emportée par le plus fort des tourbillons : & parce qu'elle est poussée d'abord vers la circonférence de ce nouveau tourbillon, elle acquiert quelquefois assez d'agitation & de force pour passer plus avant, & entrer encore dans un autre tourbillon.

Que si donc elle passe dans le tourbillon du Soleil, où le tourbillon de la Terre est enfermé, c'est ce qu'on appelle Cométe. En effet comme cette Etoile ne luit plus par sa propre lumiére, & comme elle n'est plus capable que de nous réfléchir la lumiére qu'elle reçoit du Soleil, il ne sera pas difficile d'expliquer les apparences qui affectent les Cométes.

Mais si ce que nous disons être arrivé à quelques Etoiles, arrivoit au Soleil, nous experimenterions un étrange bouleversement; il n'y auroit que ténebres ici-bas, nos campagnes seroient stériles, & les Planétes n'étant plus gouvernées par les loix de la nature, feroient en s'entrechoquant rudement un horrible tonnerre: la terre seroit ébranlée, & tous les tourbillons d'alentour la poussant en cent maniéres différentes, causeroient des agitations épouventables. Enfin une si grande révolution nous représenteroit bien la fin du monde, & le jour terrible, dont parle l'Ecriture, auquel le Soleil & la Lune s'obscurciront, les Astres tomberont, la Terre tremblera, & le Seigneur au milieu des foudres & des éclairs viendra juger les vivans & les morts.

Voila en peu de mots la pensée de M. Descartes sur la nature du Soleil, & des Etoiles fixes: Mais pour le deſſein que j'ai, je dois encore conſidérer une choſe ; c'eſt qu'outre le mouvement particulier que nous avons attribué aux parties qui compoſent le corps du Soleil, & des Etoiles fixes; ce Philoſophe leur donne encore à l'entour d'un même centre un mouvement commun. D'où nous pouvons tirer cette conſéquence, qu'il s'échappe ſans ceſſe du corps des Aſtres par les endroits les plus éloignez des Pôles, une grande quantité de matiére : Il eſt bien vrai que toutes les parties qui compoſent un Aſtre, font effort pour s'éloigner du centre de leur mouvement : Mais comme les parties qui ſont vers les Pôles, ont bien moins de mouvement que les parties qui ſont aux endroits de l'Ecliptique, elles n'ont pas la force de repouſſer les parties qui leur font obſtacle, & de ſe faire au travers des parties du ſecond élement un paſſage pour continuer leur mouvement en ligne droite: C'eſt pourquoi celles-ci ſont contraintes de circuler pendant que les autres s'échapent ſans ceſſe.

En effet ſi l'on jette de l'eau ſur une boule, lors qu'elle tourne ſur ſon eſſieu, on voit que pluſieurs parties d'eau qui ſont aux environs des plus grands cercles s'élancent avec violence en ligne droite vers la partie oppoſée. C'eſt ce qu'on peut auſſi remarquer ſur une meule qui tourne, ou ſur des piroüettes ſur leſquelles on met des grains de ſable.

Mais comme le monde eſt plein, c'eſt une neceſſité que les parties qui s'échapent par les plus grands cercles, contraignent autant d'autres parties à rentrer par les Pôles; d'autant que la réſiſtance du corps de l'Aſtre eſt fort petite vers ces endroits. C'eſt ce qui eſt cauſe que comme on diroit que la flamme d'une chandelle eſt toujours la même, quoi qu'on ſoit aſſeuré qu'elle eſt entretenuë continuellement de nouvelle nourriture, ainsi quoique le Soleil change sans cesse de matiére qui l'entretienne, on ne doit pas s'étonner s'il paroît toujours de même à nos yeux.

Et si les loix de la nature sont inviolables, & qu'elles s'étendent generallement à tous les corps, nous devons dire qu'il s'exprime aussi de la terre, & des planétes, qui ont, comme plusieurs expériences le confirment, ce mouvement circulaire, la matiére la plus subtile qui est contenuë dans leur sein; & qu'il vient des tourbillons voisins autant de matiére qui rentre par leurs pôles.

Nous pouvons ici remarquer une chose assez curieuse, c'est la cause du mouvement de paralélisme de la terre; car s'il est vrai qu'il rentre par ses Pôles autant de matiére qu'il en sort par l'Equateur, il est facile de concevoir que cette trainée de matiére est comme l'essieu sur lequel la terre

terre tourne, & qui fait que dans ſes différens mouvemens, elle dirige toujours ſes Pôles vers l'endroit du Ciel d'où cette trainée prend ſon origine.

CHAPITRE IV.

De la nature des Planétes.

Comme les Planétes ne luisent que par la lumiére du Soleil, nous concevons bien qu'elles sont en cela semblables à la terre; & comme quand la terre est éclairée des raions du Soleil, elle nous paroît plus lumineuse que la Lune, nous nous persuadons aisément, que si nous étions placez dans quelque Astre, & que nous la regardassions, elle nous pourroit servir de Lune. En effet la foible lumiére qui paroît sur le corps de la nouvelle Lune ne peut être envoiée que de la terre, parce qu'à mesure que la partie éclairée de la terre se détourne du corps de la Lune, cette lumiére se dissipe insensiblement.

C'eſt pourquoi pour n'être point trompé dans la connoiſſance des Planétes, nous ferons bien de conſidérer la terre, & de méditer ſur les corps qui la compoſent.

Tous les corps terreſtres qui réflechiſſent la lumiére ſont opaques, mais les uns la réflechiſſent de tous côtez, & les autres ne la réflechiſſent que vers un certain endroit. Ceux-ci ſont fort polis, ceux-là ſont tres-raboteux. Ainſi comme les Planétes réflechiſſent la lumiére de tous côtez, puis qu'elles ſe font appercevoir de tous les endroits de la terre, il s'enſuit qu'elles ſont & opaques & raboteuſes.

La figure ronde ſous laquelle elles paroiſſent, eſt une ſeconde preuve qu'elles ont une ſuperficie raboteuſe. Si elles étoient polies, elles ſeroient, étant rondes, comme ces miroirs ſphériques, qui diſſipent toute la lumiére qu'ils reçoivent, & qui ne ſe font point appercevoir de loin.

Cette figure ronde eſt encore une preuve qu'elles ſont dures & ſolides. C'eſt une loi confirmée par l'expérience des méchaniques, qu'un liquide mû dans un autre liquide prend toujours la figure ovale. Si on met de l'huile & du vinaigre dans un baſſin, & que l'on y agite circulairement ces deux liqueurs, les goutes d'huile qui ſont ſur la ſurface du vinaigre ne manquent pas de prendre cette figure : & la raiſon de cela eſt facile à donner ; car comme dans ce mouvement il y a deux côtez de la goute qui ſont plus preſſez que deux autres, & comme toutes les parties de la liqueur obeïſſent facilement, celles qui ſont vers les deux côtez preſſez doivent s'approcher du centre, & celles qui ſont aux deux autres endroits moins preſſez ſont contraintes par conſequent de s'en écarter : Si donc les Planétes n'étoient pas extrémement dures &

ſolides, comme elles ſe meuvent dans un liquide fortement agité, elles ne ſeroient pas rondes, elles ſeroient ovales.

De plus, les taches que l'on remarque ſur le corps des Planétes, & particuliérement ſur celui de la Lune, nous obligent à croire que les Planétes ont des éminences conſiderables. Je ne vois pas autrement quelle raiſon on peut avoir de ces taches, ſinon qu'elles ſont l'ombre que rendent ces grandes éminences, parce que tous les endroits qui ne nous réflechiſſent point la lumiére, nous paroiſſent toujours ſombres & obſcurs.

Quelques Philoſophes qui ont remarqué que du corps de la Lune, il ſortoit de tems en tems quelque lueur, ont voulu nous perſuader qu'il y avoit des eaux étenduës ſur ſa ſuperficie. Je ne condamnerois pas tout à fait ce ſentiment. Lorſque nos mers & nos riviéres ſont éclairez des raions du Soleil, nous ſommes quelquefois ébloüis de la lumiére que les flots agitez nous réfléchiſſent. Je ne voudrois pas dire cependant, comme quelques-uns, que ce fût là la cauſe pourquoi la pluſpart des taches diſparoiſſent dans la pleine Lune: Je dirois plûtôt, & il eſt plus croiable, que la Lune étant directement oppoſée au Soleil, ces montagnes ne jettent plus tant d'ombre.

De ſorte qu'on pourroit dire avec Pitagore, que parce que la Lune & les autres Planétes ſont des corps ſolides, couverts d'eaux, ſeparez de montagnes & de vallées; elles ſont des terres ſemblables à la nôtre; & qu'enfin parce qu'elles reçoivent les influences du Soleil, & qu'elles ſont humectées des eaux, elles doivent produire des plantes & des fruits.

Je ne voudrois pas neanmoins asseurer que les Planétes fussent remplies d'animaux & habitées par des hommes; car dans les choses où nous manquons de preuve, c'est une temerité de prendre parti.

C'est pourquoi je ne sçaurois goûter les raisons de ceux qui veulent que les Planétes soient habitées. Dieu, disent-ils, ne faisant rien en vain, n'auroit pas fait ces grandes machines, & ces corps immenses pour être de vastes solitudes, & des deserts infructueux: & si Dieu dans toutes choses recherche sa gloire, ne faut-il pas croire que dans les Planétes il a placé des hommes capables de chanter incessamment ses loüanges. C'est être téméraire que de vouloir rechercher les fins que Dieu s'est proposées, & de pénétrer dans ses plus secrettes pensées. Dieu ne peut-il pas tirer de la gloire des choses inanimées, comme il est dit dans le Prophete, Que les cieux "

„ racontent la gloire de Dieu, &
„ que le firmament publie l'excel-
„ lence des ouvrages de ſes mains.

Et je ne puis auſſi me rendre aux raiſons de ceux qui prétendent au contraire que les Planétes ne ſont point habitées ; & ils s'appuient ſur le même principe, *que Dieu ne fait rien en vain*. Auroit-il fait, diſent-ils, d'autres hommes avec qui nous n'aurions aucun commerce, & qui nous ſeroient inutiles ? Ces perſonnes ont ſans doute de hautes penſées d'elles-mêmes ; elles ſe conſiderent comme les ſeuls objets que Dieu s'eſt propoſez dans la création du monde, & elles s'imaginent que c'eſt ſimplement pour leurs commoditez que toutes les créatures ont été formées : Elles s'élevent cependant ſur ces penſées, mais c'eſt ſans raiſon : Dieu ne peut avoir d'autre fin que lui-même, *Univerſa propter ſemetipſum operatus eſt Dominus.*

Il eſt vrai qu'en quelque façon, elles ont été faites pour l'homme; elles portent ſon eſprit à admirer la toute puiſſance de Dieu dans leur creation, ſa ſageſſe dans leur diſpoſition, ſa providence dans leur conduite, ſa bonté dans leur conſervation, & enfin à rendre gloire au tres-haut, & à dire avec le reſte des creatures, *ipſe eſt Deus, ipſe fecit nos, & non ipſi nos.*

Quoique cette opinion ſoit tres-pieuſe dans les mœurs, parce qu'elle nous oblige de rendre à Dieu un amour réciproque; elle ne peut néanmoins ſervir de fondement à aucune concluſion de Phiſique. C'eſt pourquoi il faut ſuſpendre nôtre Jugement, & croire qu'il eſt autant probable qu'il y ait des hommes dans les Planétes, comme il eſt probable qu'il n'y en a point.

Tâchons encore de tirer quelques conſéquences. Quoique nous

aions remarqué que toutes les Planétes se ressemblent, en ce qu'elles sont solides, dures, opaques, fertiles & habitables, on peut néanmoins dire qu'elles different toutes entr'elles.

Premiérement en solidité, & la raison se prend de ce qu'elles ne se meuvent pas à une même distance du Soleil. La loi commune de méchanique veut qu'entre les corps, qui se meuvent en rond, les plus solides s'écartent d'avantage du centre, & que les moins solides s'en aprochent plus prés : Car lorsqu'une Planéte se rencontre dans un endroit du ciel, où elle n'a pas tant de force que la matiére céleste à continuer son mouvement en ligne droite, elle est repoussée vers le centre, jusqu'à ce qu'elle ait trouvé une matiére qui lui soit égale en force.

Secondement, les Planétes different en qualitez, & je me fonde sur ce qu'elles ſont entr'elles differentes en couleur. En effet les couleurs ne ſont que les diverſes réfléxions de la lumiére, & les diverſes réfléxions ſuppoſent les diverſes diſpoſitions des parties qui compoſent les corps. En un mot quand je dis que les Planétes different entr'elles en qualité, je ne veux rien dire autre choſe, ſinon qu'elles ſont différentes entr'elles, comme la terre commune eſt différente du ſable, le ſable du ſablon, & le ſablon de la terre rouge.

Enfin M. Deſcartes veut que dans les centres de toutes les Planétes il y ait un feu: Car il conſidere tous ces corps comme s'ils avoient été autrefois autant de petits ſoleils dans les centres de pluſieurs tourbillons; & comme s'ils s'étoient formées, ainſi que nous avons dit que ſe forment les Cométes, par la rencontre de pluſieurs taches.

Je ſçai qu'on me va objecter trois choſes, s'il eſt vrai que dans les centres des Planétes il y ait un feu. Premiérement il conſumeroit tout ce que ces corps ont de combuſtible. Secondement comme ce feu n'a point pour s'entretenir de nouveaux alimens; depuis un ſi long-tems qu'il dure, il devroit être déja éteint. Troiſiémement parce que le feu n'a pas moins beſoin de reſpiration que l'animal; le feu central n'aiant pas de reſpiration ne pourroit pas ſubſiſter.

Ceux qui forment ces objections, ne ſont pas inſtruits du ſiſtéme de M. Deſcartes, & n'ont aucune teinture de ſes principes: Mais comme je ne prétens pas m'éxemter de ſatisfaire à toutes les difficultez, je répond:

Premiérement, que le feu central par une longue action, s'eſt fait à lui-même une voute fort épaiſſe,

& capable d'émousser toute sa pointe: Et comme il est composé d'une matiére fort ténuë, il frappe inutilement contre les parties grossiéres qui l'environnent: de sorte qu'il est contraint de tourner son action au dedans, & d'exercer ses efforts contre lui-même. Et nous remarquons que dans la terre Dieu y a encore pourvû d'une autre maniére: Il a opposé au feu central, comme de fortes digues, les eaux qu'il a répanduës par toute l'étenduë de la terre; ne trouve-t'on pas de l'eau sous les mines les plus profondes?

Secondement je répond, que si nos feux ont besoin de nouvelle matiére, ce n'est pas pour se conserver, mais pour de ce nouvel aliment faire renaistre un nouveau feu: La flamme ne tend pas plus que les autres corps à se détruire; mais comme les parties qui la composent sont tres fluides, & tres-mobiles, elles se mêlent incessamment avec l'air qui les environne , & l'air faiſant ceſſer la grande agitation qu'elles ont autour de leur centre, fait qu'elles ceſſent d'être feu. Or nous ne voions point que cela puiſſe arriver dans le feu central où l'air groſſier ne peut point entrer ; & ainſi ce feu n'a pas beſoin pour s'entretenir de nouveaux alimens.

De la Cité de Dieu chap. 5.

Nous pouvons rapporter à ce ſujet ce que dit S. Auguſtin d'une certaine pierre que l'on trouve dans l'Arcadie , qui étant une fois embraſée ne s'éteint plus, d'où-vient que l'on la nommée Arbeſton , d'un mot grec, qui en nôtre langue veut dire inextinguible : Si cela étoit comme il eſt du moins tres-probable , l'Ecole n'auroit pas raiſon de dire ſi généralement, que nos feux ont toujours beſoin pour s'entretenir, & ſe conſerver , de nouvelle matiére.

Mais ſans rechercher plus avant comment cela peut être, ſupoſons que nôtre feu central, de même que nôtre feu ordinaire, ait beſoin pour ſubſiſter de nouvelle nourriture : de quelle preuve ſe ſervira-t'on pour montrer que parmi le feu central, il ne ſe mêle aucune nouvelle matiére ? Bien au contraire l'on a montré, & l'on verra encore dans le chapitre ſuivant, qu'il eſt bien difficile qu'il n'entre continuellement par les Pôles de toutes les Planétes une matiére qui vient de quelques autres Aſtres, & qui peut ſervir de nourriture au feu central. Et quand cela ne ſeroit pas, ce que ce feu a déja conſumé, & comme réduit en cendre, eſt plus que ſuffiſant pour l'entretenir. Le feu eſt un élément bien différent des autres élémens ; il n'y a rien qui réſiſte à ſa violence, & la choſe la moins inflammable ſert enfin de matiére à ſon activité, les pierres, les cendres, le ſable, les ſels, les cailloux que les Anciens ont crûs incapables de ſon mouvement, parce qu'ils n'en avoient fait l'expérience qu'à des feux médiocres, ne résistent point aux ardeurs d'une fournaise; & ainsi si ce feu central vient à s'allumer davantage en quelqu'endroit, où il trouve, pour ainsi dire, beaucoup de cendres qui se seront amassées vers sa voute, il agitera tout de nouveau ces cendres, & leur faisant suivre son mouvement, il leur donnera pour la seconde fois la nature de feu, & ce changement continuel est plus que suffisant pour entretenir toujours le feu central dans une égale quantité.

Troisiémement je répond, que ce n'est que par accident que le feu a besoin de respiration; je pourrois me servir de l'exemple des lampes, dont la flamme s'est entretenuë dans des tombeaux l'espace de plusieurs siecles. Telle étoit la lampe que l'on trouva dans le sépulcre de Tullia fille de Ciceron, du tems de Paul troisiéme, laquelle brûla 1550.

ans ſans s'éteindre. Telle étoit encore la lampe que l'on découvrit prés Padouë, dans le tombeau d'Olibius 1500. ans aprés qu'elle y euſt été miſe. Or l'on ne peut expliquer ces Phénoménes, qu'en diſant, que comme les parties de l'huile, & de la méche ne ſe diſſipoient point, & conſervoient de l'agitation autour de leurs centres, d'autant qu'elles n'avoient point de communication avec nôtre air; elles entretenoient toujours cette flamme. Et ce qui confirme d'autant plus cette opinion, c'eſt qu'auſſi-tôt qu'elles ont été découvertes, elles ſe ſont éteintes.

Et la raiſon pourquoi le feu ordinaire qui n'a pas de reſpiration, ne ſubſiſte point, c'eſt que les parties de la matiére groſſiére qui ſert à le nourrir, n'aiant pas aſſez de force pour s'écarter les unes des autres, & s'empeſchant ainſi de tourner chacune autour de ſon centre, elles ſont contraintes de tomber les unes ſur les autres : D'où vient que pour avoir la force de s'écarter, elles ont beſoin d'être mêlées avec les parties de l'air : mais lors que les parties de la matiére qui entretient la flamme ſont fort ténuës & fort ſubtiles ; il arrive que ne ſe mélant pas les unes avec les autres, elles employent toute leur activité à ſe mouvoir circulairement. Ainſi parce que le feu central eſt composé d'une matiére fort ténuë, il n'a pas beſoin de reſpiration.

Si l'on avoit toujours parlé des Aſtres, comme nous venons de faire, on ne ſeroit pas tombé, au ſujet des Influences, dans une infinité d'abſurditez, & l'on peut dire que toutes les extravagances qui ſe ſont gliſſées dans l'Aſtrologie, viennent de l'ignorance qu'on avoit de leur veritable nature. C'eſt pourquoi je me perſuade, que ſi l'on veut faire quelques réfléxions ſur les principes que j'ai établis, on n'aura nulle peine à m'accorder les conſéquences que j'en dois tirer.

CHAPITRE V.

Où l'on fait voir comment la matiére qui ſort des Aſtres peut venir ici-bas, & aprés avoir dit quelque choſe de ſa nature, l'on explique les différens aſpects des Aſtres.

NOus avons prouvé dans les chapitres précedens, qu'à cauſe que les Etoiles fixes, & les Planétes ont un mouvement chacune au tour de ſon centre, il ſortoit d'elles par les endroits les plus éloignez des Pôles, une matiére tres-ſubtile.

Nous avons auſſi établi un feu central dans chaque Planéte, & je m'imagine que ce feu eſt une ſeconde cauſe de l'expulſion de cette matiére. Nolius est de ce ſentiment avec Raïmond Lulle. Ces deux célebres Philoſophes veulent que la grande activité de ce feu contribuë à pouſſer dehors la matiére la plus ſubtile qui remplit les pores des Planétes, & à ſubtiliſer celle qui y rentre, pour l'en chaſſer en ſuite. Car c'eſt une loi generale de la nature, que les Aſtres reçoivent autant de matiére qu'ils en laiſſent échapper, d'autant que le vuide eſt impoſſible : de ſorte que tous les corps celeſtes, & ſublunaires s'entretiennent ainſi les uns les autres. C'eſt un accord qui a été fait dans la création du monde par les loix que le Souverain Légiſlateur y a établies : C'eſt un lien dont Dieu a uni tous ces corps, ſans lequel ils ſe remuëroient en mille différentes maniéres, & ne garderoient jamais aucune regle aſſeurée.

Enfin ſi nous conſidérons, que le Soleil illuminant la terre, a la force d'en élever les plus ſubtiles parties, nous avouërons, que comme il éclaire auſſi les Planétes, il en élevera de même quelques portions, & ces portions ſe joignant à la matiére que le mouvement circulaire & le feu central pouſſent dehors, acquereront de nouvelles forces.

Et l'on doit remarquer ici que comme l'eau de nos fontaines contracte les propriétez des endroits où elle paſſe, de même cette matiére retient toujours quelques qualitez des lieux dont elle a été tirée; d'autant qu'elle en détache quelques parties, qu'elle entraîne avec elle.

Voila donc une matiére qui ſort des Aſtres; mais que doit elle devenir? S'arrétera-t-elle au tour de l'Aſtre, dont elle ſort; ou continuëra-t-elle ſon chemin en ligne droite? Demeurera-t-elle dans ſon tourbillon; ou passera-t-elle dans un autre? Nous avons vû dans le chapitre troisiéme, qu'elle pouvoit entrer facilement par les Pôles dans un autre tourbillon. Nous sçavons encore qu'elle entretient le mouvement de Paralélisme dans la terre, & qu'elle cause toutes les propriétez de l'Aiman. Car selon la pensée de M. Descartes, la matiére qui sort de la petite Ourse, enfilant la terre par ses Pôles, la tient toujours dans une même situation; & cette matiére à laquelle ce Philosophe donne des parties faites comme de petites vis rencontrant l'Aiman, le pénetre & le perce en une infinité d'endroits. Ainsi, selon son opinion, l'Aiman n'est autre chose qu'un corps qui a plusieurs pôres faits en forme de décrouës, dont les uns permettent seulement le passage aux petites vis qui viennent du Pôle Artique, & les autres ne donnent entrée qu'à celles qui viennent de l'Antartique.

Nous avons donc déja trouvé un passage à cette matiére : Mais parce que M. Descartes n'a parlé que des tourbillons qui sont vers les Pôles de la terre ; & qu'il n'a point déterminé si les tourbillons qui sont vers le Zodiaque, ou en d'autres endroits, envoioient à la terre, quelque matiére ; la pluspart de ses Sectateurs se sont imaginez que son opinion étoit, qu'il ne pouvoit entrer dans le tourbillon de la terre aucune matiére que celle des tourbillons qui sont vers ses Pôles. Et c'est par là qu'ils prétendront que pour l'établissement des Influences, il est impossible de faire servir la matiére qui sort des Planétes, & des Etoiles qui sont vers le Zodiaque.

Mais en faisant dire à M. Descartes ; que la matiére qui sort d'un tourbillon ne peut entrer que par les Pôles dans un autre tourbillon, ils font sans y penser tomber

ce

ce Philoſophe dans une contradiction manifeſte ; parce qu'enſeignant que la matiére de la petite Ourſe, enfile la terre par ſes Pôles, il faut conclure que cette matiére entre auparavant dans le grand tourbillon du Soleil, où celui de la terre eſt enfermé, ainſi que l'on peut voir dans cette figure.

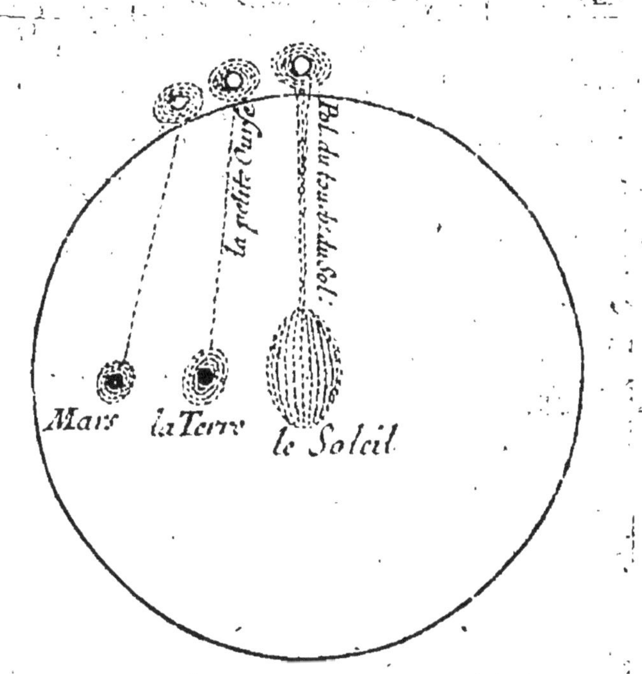

Or puis que la petite Ourſe eſt éloignée des Pôles du tourbillon du Soleil de vingt-trois degrez & demi, il faut dire que ſa matiére n'entre point par les Pôles dans le grand tourbillon du Soleil.

Cela paroîtra encore d'avantage, ſi l'on conſidere la matiére des Etoiles qui enfile Mars, Jupiter, & Saturne; comme ces trois Planétes ſont plus éloignées du Soleil que la terre, il faut que les Etoiles qui les enfilent, ſoient encoreplus éloignées des Pôles du tourbillon du Soleil que la petite Ourſe. Ainſi l'on voit que la matiére de ces Etoiles entre dans le grand tourbillon du Soleil par d'autres endroits que par les Pôles.

Cela étant, ne puis-je pas conclure qu'encore que les Planétes, & les Etoiles fixes du Zodiaque ne ſoient pas vers les Pôles de la terre, cependant la matiére qu'elles laiſſent échapper, peut entrer dans le tourbillon de la terre.

Et en effet, cette matiére a deux qualitez qu'il faut considerer; sa subtilité, & l'impetuosité avec laquelle elle est poussée. La premiére fait qu'elle peut facilement passer entre les parties du second élement: & l'autre la faisant continuer son mouvement en ligne droite, l'oblige de sortir de son tourbillon. Car, comme dit M. Descartes, il y a cette différence entre le premier & le second élement, que quoi que les parties du premier s'éloignent du centre, elles ne perdent pourtant rien de la vitesse qu'elles avoient auparavant; parce qu'elles trouvent de tous côtez entre les parties du second élement des passages qui sont à peu prés égaux les uns aux autres.

Et afin de reconnoître que je n'avance rien de contraire à la doctrine de ce Philosophe, on n'a qu'à jetter la veuë sur les figures qu'il a tracées lui-même dans ses Principes pag. 125.145.&c. Car les deux écliptiques des tourbillons marquez *y*, & *f*, se touchant, où doit aller la matiére qui sort de ces deux Astres, si celle qui sort de *y*, ne va dans le tourbillon *f*, ou si celle qui sort de *f*, ne va dans le tourbillon *y*.

1. De aëre & aquis. Nous pourrions par là rendre raison pourquoi Hypocrate dit qu'il est dangereux de purger au tems des Equinoxes : Car puis qu'à l'égard de son païs, où il a fait cette observation, les Equinoxes sont moderées; ce ne peut être ni le trop grand froid, ni le trop grand chaud, qui puisse empêcher la purgation, on peut donc dire que c'est la matiére qui sort en abondance du Soleil. Parce que comme dans ce tems-là, la terre coupe l'Ecliptique en deux endroits, elle reçoit par consequent toute la matiére qui en sort. Ainsi la purgation que l'on pourroit faire seroit dangereuse, puis qu'étant jointe à cette matiére céleste qui est

toute de feu, elle pourroit agiter extraordinairement les humeurs, & causer ensuite de grandes maladies.

Nous avons donc trouvé une matiére céleste différente de celle qui fait la lumiére, & c'est de cette matiére dont nous faisons les Influences, mais avant que d'en expliquer les effets, il faut remarquer :

Premiérement que la matiére dont nous parlons est différente en figure de la matiére magnétique : Car la matiére magnétique, dans la pensée de M. Descartes, n'a la forme de vis qu'à cause que venant des tourbillons voisins des Pôles de la terre, ses parties sont long-tems engagées entre trois-mêmes parties du second élement : Au lieu que les parties de la matiére dont nous parlons, venant par d'autres endroits que par les Pôles, elles ne se rencontrent pas deux instans de suite entre trois mêmes parties du ſecond élement.

Secondement, que le tems de la domination d'un Aſtre eſt lorſqu'il envoie ſa matiére ſur la terre.

Troiſiémement qu'un Aſtre ne domine pas en même tems ſur tous les endroits de la terre. Seroit-il poſſible qu'un Aſtre envoiaſt de la matiére en aſſez grande quantité pour couvrir toute ſa ſurface? Et de plus comme pour venir ici-bas, cette matiére a beſoin de fendre continuellement l'air, la trainée qu'elle fait doit être en forme de piramide, dont la pointe eſt ici-bas, & la baze vers l'Aſtre duquel elle ſort.

Quatriémement que l'entrée du Soleil dans quelqu'une de ſes maiſons, peut déterminer la matiére qui en peut ſortir à venir ici-bas, comme on peut voir dans la figure ſuivante, où il eſt aiſé de concevoir que le corps du Soleil recevant cette matiére, fait la même chose qu'une boule qui reçoit de l'eau pendant qu'elle tourne fort viste à l'entour de son centre. C'est à dire qu'il donne à cette matiére une autre détermination & une nouvelle force qui

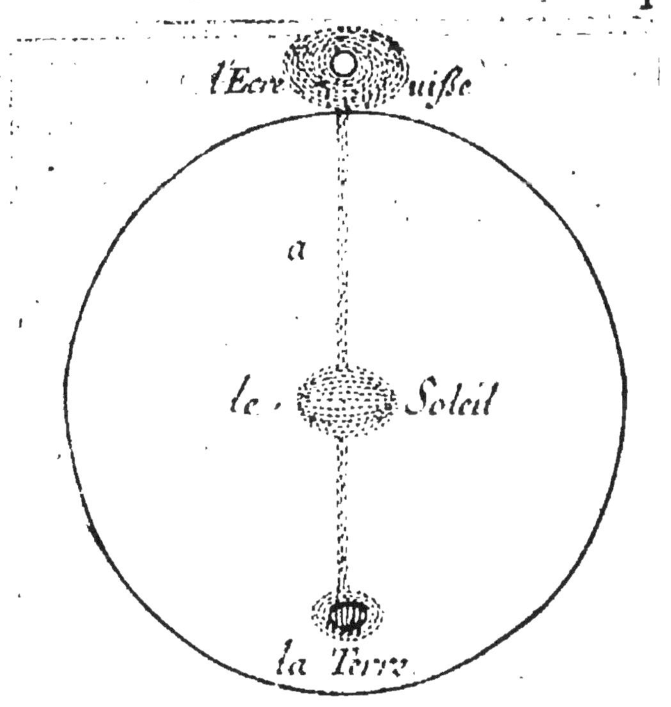

la fait rejallir jusques ici-bas. Et cela sert à expliquer sa conjonction & l'opposition des Astres. La conjonction, quand un Astre reçoit immédiatement la matiére d'un autre Astre, comme si la terre étoit placée au point *a* ; & l'oppoſitión quand il ne la reçoit que par l'entremiſe d'un autre, comme dans la figure précédente la terre ne reçoit la matiére de l'Ecreviſſe que par le moien du Soleil qui la lui renvoie.

Cinquiémement, que ſi un Aſtre envoioit ſa matiére à un autre Aſtre dont l'Ecliptique ſeroit tournée vers

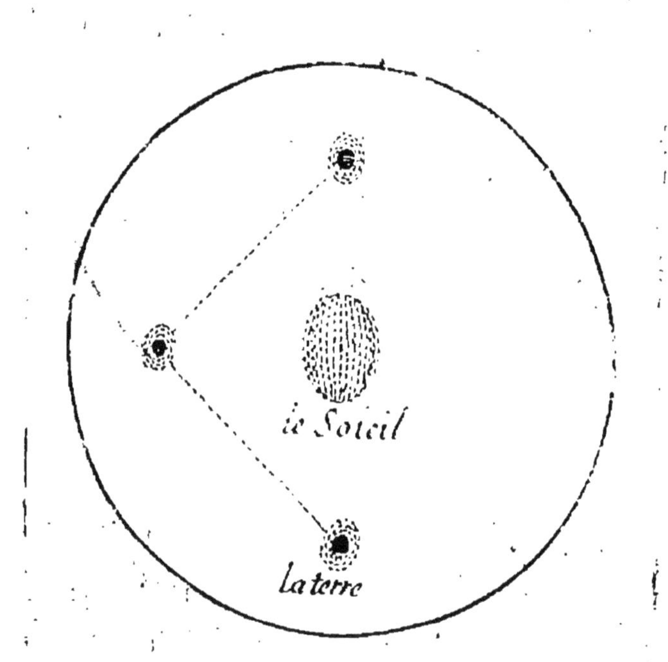

la terre, les matiéres de ces deux Aſtres ſe mélant, doivent enſemble ſon rejallir ſur la terre, comme on peut voir dans cette figure.

Et c'eſt en cela ſeul, que nous pouvons faire conſiſter les aſpects des Planétes.

CHAPITRE VI.

Où l'on examine si la matiére céleste n'est point quelquefois la cause des diverses températures de l'air, & des differentes maladies qui regnent en certaines saisons.

Entre tant d'Etoiles, que nous remarquons au firmament, on ne peut pas douter que plusieurs n'envoient de la matiére dans l'étenduë de nôtre tourbillon, & c'est sans doute ce qu'entend Virgile, quand il dit :

Æn. VI. *Spiritus intus alit, totamque infusa per artus*
Mens agitat molem & magno se corpore miscet.

Car comme cette matiére est tres-ſubtile, elle pénétre facilement les corps, & parce qu'elle communique & ſon mouvement & ſa chaleur, elle vivifie les mêmes corps. C'eſt cette matiére que les Chimiſtes prennent pour l'eſprit univerſel, & qu'ils font paſſer pour l'ame vivante, & la ſemence inviſible de tous les corps ſublunaires. C'eſt enfin cette matiére qu'Ariſtote appelle *Æther*, qui eſt comme la quinteſſence & l'élixir de tous les Elemens.

Pour moi je croirois bien que cette matiére s'amaſſant en une fort grande quantité dans quelque endroit de nôtre petit tourbillon, produit des pluies, des grêles, des vens, des tonnerres, & des tremblemens de terre : car quand il arrive qu'une partie de cette matiére pénétre juſques dans les entrailles de la terre, nous devons concevoir qu'elle met en mouvement toutes les humeurs qu'elle y rencontre, &

que ces humeurs s'élevant dans la moienne region de l'air, où elles trouuent un grand froid qui arrête tout d'un coup leur agitation, elles composent un tout fort rare, lequel n'étant point liquide, doit recevoir le nom de neige ou de glace, & ce sont ces nuages que nous voions être agitez par les vens, & qui nous cachent quelquefois tout le ciel.

Que si maintenant ces nuages se rencontrent au dessus d'un endroit, d'où il s'éleve une grande quantité de vapeurs ou d'exhalaisons, ils servent comme de chapiteau pour rabaisser ces fumées : Ainsi celles qui montent continuellement, & celles qui descendent sans cesse, se rencontrant avec quelque choc, doivent causer des vens & des orages. Et même la seule chûte d'une nuée est quelquefois capable de causer les plus grands vens & d'exciter les plus furieuses tempêtes. Les Matelots nous parlent d'un orage qu'ils appellent œil de bœuf ; il est causé (à ce que rapportent quelques-uns qui en ont fait l'observation) par un nuage qui au commencement ne paroît pas avoir plus de grandeur que l'œil d'un bœuf : mais qui venant tout d'un coup à fondre s'étend tellement, & excite par sa chûte dans l'air & dans les eaux une si grande agitation, qu'il s'en éleve une des plus horribles tempêtes que les vaisseaux aient à craindre.

Que si ensuite ces nuages venant à se dissoudre, rencontrent en leur chemin un air chaud, ils retombent en pluïe sur le lieu où ils sont perpendiculaires : mais lorsque les parties de cette nuë vaporeuse ne trouvent que du froid, si elles sont presque fonduës, elles se convertissent en grêle ; & si elles ne sont point fonduës, elles retiennent la nature de neige qu'elles avoient auparavant.

Que si enfin cette matiére céleste échauffe tellement l'air qu'elle l'enflamme, elle doit former les éclairs qui arrivent quelquefois pendant l'Eté : Et si cet air échauffé vient à être pressé entre deux nuës, en sorte que la nuë d'en haut tombe dessus la plus basse : comme cet air est contraint de sortir par des passages étroits, il doit causer le grondement de tonnerre : & si il s'enflamme aussi bien que les exhalaisons qui se trouvent mêlées avec lui, ce grondement se convertit en un bruit, qui éclatte à proportion que cet air se dilatte, & qu'il est contraint par consequent de sortir avec plus de violence du milieu des deux nuës qui le comprimoient.

Mais si cette matiére céleste demeurant renfermée dans la terre, trouve en quelques cavitez de grosses exhalaisons composées de soûfre & de bitume, elle est capable par son agitation de les embraser : de sorte qu'étant extraordinairement dilatées par le feu, elles sont comme les mines de poudre à canon qui soulevent le terrain qui les couvre : Mais apres que ces exhalaisons sont consumées, comme la terre qui a été soûlevée n'a plus de soûtien, elle retombe par son propre poids, & c'est en quoi consistent les tremblemens de terre, qui ont abîmé quelquefois des villes toutes entieres.

Ce n'est pas pourtant que je veüille dire que la matiére céleste soit la seule cause des effets que nous venons de remarquer : je sçai que la lumiére du Soleil est capable d'exciter aussi les humeurs qui sont dans le sein de la terre, & de concourir en suite à la production des meteores : Mais je dis que la matiére céleſte y contribuë beaucoup, & que ſouvent elle eſt la ſeule cauſe de tous ces phénomenes. Car quoi que le Soleil ſoit également élevé ou abaiſſé ſur nôtre Horiſon, nous voions cependant tres-ſouvent dans l'air divers changemens, quelquefois dans le tems de l'Eté il arrive du froid, il tombe de la grêle, il ſurvient une gelée qui gâte les fruits; & dans le tems de l'hyver ſouvent nous ſentons des chaleurs, & la verdure des campagnes nous rend cette ſaiſon comme le commencement du printems. Dans une année les chaleurs ſont exceſſives, dans une autre elles ſont modérées: Dans une année il y a un grand hiver, dans une autre il n'y en a preſque point: Dans une année les vens ſont fort frequens, dans une autre les pluies ſont continuelles. Il n'y a pas d'apparence de vouloir attribuer au Soleil la production de tous ces effets, puiſque dans une année comme dans un autre, cet Aſtre eſt également elevé ou abaiſſé ſur nôtre Horiſon. Il faut donc reconnoître quelques Aſtres dominans qui produiſent toutes ces choſes.

Ce qui ſemble encore plus fortement établir ma conjecture, c'eſt que quand certains Aſtres paroiſſent, on ne manque pas d'avoir une certaine temperature; ce qui a fait dire à quelques Anciens que les Aſtres étoient des pronoſtiques du tems, & parce qu'ils ne pouvoient comprendre comment les Aſtres pouvoient produire ces effets, ils les raportoient au Soleil.

Mais il eſt facile de détromper ceux que l'autorité de ces Anciens à prevenu. Si les Aſtres ne ſont que des ſignes du tems, il faudroit, que lors par exemple qu'aprés le coucher du Soleil, les Hyades ou les Pleïades paroiſſent, il y eût des nuës prêtes de tomber en pluie: Si cela étoit on tomberoit dans une abſurdité pire que la premiere, car afin qu'elles ne ſe pûſſent montrer que quand il y auroit des nuës prêtes à ſe reſoudre en pluië, il faudroit dire qu'elles ont un ſentiment; Que dis-je! & même un préſentiment de la pluie, d'autant que ſouvent on a remarqué, que quoiqu'il fit fort beau tems quand elles commencent à paroître, on ne manque pas neanmoins dans les lieux où elles dominent, à avoir de la pluie.

Il eſt donc plus à propos de dire. 1°. Que les Hiades, & les Pleïades envoient une matiére qui condenſant toutes les vapeurs que le Soleil à enlevées pendant le jour, les reſout en pluies.

Secondement, que les Aſtres qu'on regarde comme les pronoſtiques des vens, envoient une matiére qui rarefie les vapeurs qui ſont mêlées avec l'air ; & ces vapeurs rarefiées occupant plus de place qu'auparavant, doivent agiter l'air ; c'eſt à dire exciter des vens.

Troiſiémement, que les Aſtres qu'on regarde comme les ſignes du froid, envoient une matiére ſi ſubtile, que n'aiant pas la force d'agiter l'air groſſier qui nous environne, elle lui fait perdre & ſon mouvement & ſa chaleur. Il faut dans les corps une certaine ſolidité pour en pouvoir ébranler d'autres : Quoique l'eſprit de vin enflammé ait un mouvement tres-grand, il n'enflamme pas neanmoins les ſujets qu'il touche : ſes parties ſont trop delicates pour les agiter, & elles ne font que paſſer doucement par deſſus.

Quatriémement, que les Aſtres qu'on regarde comme les ſignes de la chaleur, envoient une matiére dont chaque partie tournant à l'entour de ſoi-même a aſſez de force pour communiquer à l'air le même mouvement.

Ainſi comme tous les Aſtres peuvent également dans tous les tems, répandre de la matiére dans le tourbillon de la terre, il ne faut pas s'étonner ſi quelquefois dans l'Eté il arrive du froid, & ſi quelquefois en Hyver il arrive de la chaleur ; ſi dans une année il y a un grand Eté ou un grand Hyver, & ſi dans une autre, il n'y en a preſque point ; ſi dans une année les pluies ſont continuelles, & ſi dans une autre la ſechereſſe eſt extraordinaire : enfin ſi pendant que le Soleil eſt également élevé ou abaiſſé ſur nôtre Horiſon, on obſerve differens changemens, parce que cette matiére céleſte traverſant toutes les regions de l'air, peut ſelon ſa nature ou condenser, ou rarefier les vapeurs, ou échauffer, ou refroidir l'air, & y causer diverses temperatures.

C'est sur ces principes qu'on peut distinguer des Astres humides, & des Astres secs; des Astres chauds, & des Astres froids; des Astres aëriens, & des Astres terrestres. Si donc on pouvoit s'asseurer quand ces Astres dominent, on pourroit découvrir par avance le beau tems, les pluies, les froidures, les chaleurs, l'abondance ou la sterilité.

Et on peut voir par là, combien sont peu fondées les objections de ceux qui prétendent que pour couper des bois, pour cueillir ou semer les grains, on ne doit avoir aucun égard aux Astres. Comme il y a des grains qui demandent beaucoup de chaleur, d'autres beaucoup d'humidité, & d'autres une chaleur & une humidité moderée : Comme il y a des bois qui ſe pourriſſent quand on les coupe dans un tems trop humide, on doit ce ſemble pour reüſir faire choix des Aſtres ; & il ne faut pas douter, que ſi l'on avoit la connoiſſance des Aſtres, & du tems de leur domination, on ne fit ſouvent d'amples & d'abondantes récoltes.

Je ne veux pas faire ici un dénombrement ennuieux des Aſtres ; mais je ne puis m'exemter de dire quelque choſe des Cométes, & de la Canicule, ſur leſquelles on a fondé des objections aſſez conſiderables.

On prétend que la Canicule n'eſt point cauſe de la chaleur extraordinaire que l'on ſent durant les jours qu'on appelle Caniculaires. „ Si la Canicule, dit-on, étoit cau-„ ſe de cette chaleur, comme elle „ eſt de l'autre côté de la ligne, ſes „ effets dévroient étre plus forts ſur

« les lieux où elle est perpendiculaire ; & neanmoins les jours qu'on appelle ici Caniculaires, sont de ce côté là le tems de l'Hiver ; de sorte qu'en ce païs là, on a bien plus sujet de croire qu'elle cause le froid, qu'on n'en a ici de croire qu'elle y apporte le chaud. »

Cette objection n'est fondée que sur cette proposition de M. Gassendi, que si les Astres avoient quelques Influences, ils les dévroient envoier ici-bas en ligne perpendiculaire : Mais cette proposition est contraire aux regles les plus certaines de méchanique. Tout corps qui s'éloigne d'un autre corps qui tourne fort vîte à l'entour de son centre, ne s'en éloigne pas par des perpendiculaires, il s'en éloigne par des tangentes. Comme donc la Canicule tourne fort vîte sur son centre, elle ne doit envoier que par des tangeantes la matiére qui sort par ſon Ecliptique, c'eſt à dire qu'elle ne doit pas envoier ſeulement ſes Influences ſur les lieux où elle eſt perpendiculaire, elle doit les envoier encore ſur d'autres lieux aſſez éloignez, en un mot elle doit auſſi bien agir de ce côté-ci que de l'autre côté de la ligne.

Or que cela ſoit veritable, c'eſt à dire que tout corps qui s'éloigne d'un autre corps qui tourne fort vîte à l'entour de ſon centre, ne s'en éloigne jamais que par des tangeantes; c'eſt une choſe dont on ne ſçauroit douter.

Si par exemple pendant qu'une meule tourne on y jette de l'eau, les parties de cette eau ne tombent pas ſeulement deſſous la meule, elles tombent encore à quelque diſtance de là: Cela ſe confirme encore par l'exemple des grains de ſable que l'on jette ſur une boule qui eſt agitée circulairement;

rement ; parce qu'alors pourveu que la boule soit meuë suivant l'ordre des lettres *d*, *e*, *f*, on voit que ces grains se dispersent suivant la ligne *a*, *b*, *c*.

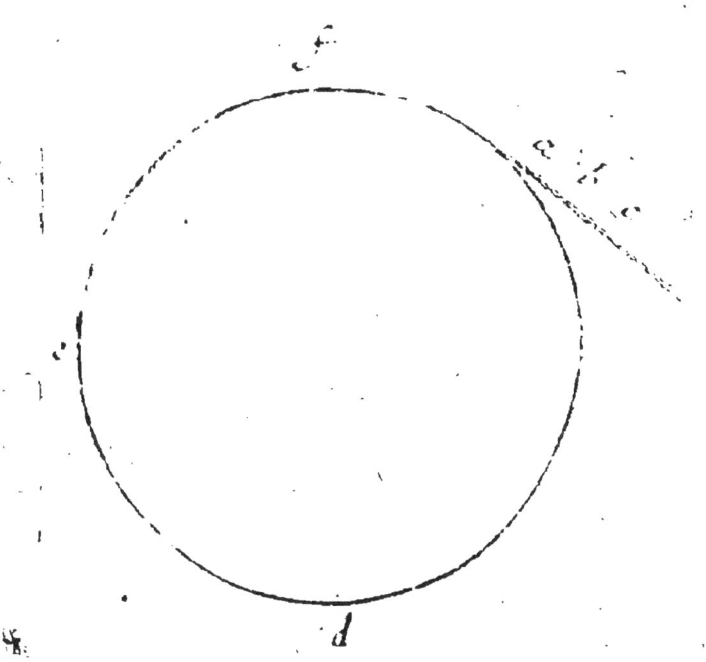

Si ce principe de méchanique est incontestable ; comment est ce qu'à l'égard de la Canicule l'on voudroit le combattre ? Les loix de la nature sont générales, & les corps les plus grands, de même que les plus petits, les observent également. La Canicule tourne ſur ſoi-même, on ne le peut nier ; c'eſt un autre Soleil placé au centre d'un tourbillon ; il faut donc que la matiére qui ſort par ſon Ecliptique, s'en éloigne par des tangeantes ſemblables à la ligne *a*, *b*, *c*.

Il eſt donc viſible, ſuivant ce principe (ſi vous ajoûtez encore la force du Soleil) que la Canicule n'agit pas ſi fortement ſur l'autre côté de la ligne qu'elle regarde perpendiculairement, que ſur ce côté ci qu'elle regarde obliquement : Parce que comme dans les régions meridionales elle trouve un air froid qui lui fait obſtacle, dans les contrées ſeptentrionales elle trouve un air chaud qui augmente ſa force. Et ainſi on n'a pas ſujet de croire en ces païs-là, que la Canicule apporte le froid, & on a ſujet de croire ici qu'elle cauſe le chaud.

Mais quand bien même on accorderoit que la Canicule devroit avoir plus de force de l'autre côté de la ligne que de nôtre côté, M. Gassendi devoit nous avoir enseigné pourquoi dans les jours Caniculaires on ressent plus de chaleur que l'on n'en ressent dans un autre tems. Cet excez de chaleur, à mon avis, ne se doit pas seulement attribuer à la chaleur du Soleil, il se doit encore attribuer aux Influences de la Canicule.

Pour découvrir cette verité, il n'y a qu'à rechercher les causes de l'Eté & de l'Hyver. On demeure d'accord que quand le Soleil approche de nôtre Zenith, il nous apporte l'Eté; & que quand il s'en éloigne il nous cause l'Hyver. La raison de cela est, qu'étant proche de nôtre Zenith, il envoie plus de raions vers nous que quand il en est plus loin: & c'est la grande quantité de raions qui produit la grande chaleur.

Mais pour donner plus de jour à cette proposition ; il faut considerer que les exhalaisons & les vapeurs que le Soleil enléve continuellement de la terre, font un air grossier qui ne s'étend à l'entour d'elle que jusqu'à une certaine distance ; de sorte que la plûpart des raions étant prêts d'entrer dans cet air grossier sont réfléchis à proportion qu'ils tombent obliquement : C'est pourquoi selon que le Soleil est plus ou moins proche de nôtre Zenith, il arrive jusqu'à la terre plus ou moins e raions.

Or comme le Soleil ne peut être plus proche de nôtre Zenith que dans le tems du Solstice d'Eté, il s'ensuivroit qu'envoiant plus de raions, il devroit causer plus de chaleur qu'en aucun autre tems, & cependant nous experimentons que les plus grandes chaleurs n'arrivent que quand la Canicule commence à se lever sur l'extrémité de nôtre Horison. On dira peut-être, que le Soleil repassant sur les mêmes endroits où il avoit passé un mois auparavant, il trouve l'air plus susceptible de chaleur qu'en ce tems-là Mais cette objection n'est pas recevable, parce que les grandes chaleurs arriveroient immédiatement aprés le Solstice, & elles n'arrivent que plus d'un mois aprés que le Soleil est déja beaucoup éloigné de nôtre Zenith.

Et même Virgile étoit dans cette pensée, lorsqu'en parlant de cette Etoile, il a dit :

aut scirius ardor Æn. X.
Ille sitim, morbosque ferens mortalibus ægris
Nascitur & lævo contristat lumine cœlum.

La raiſon eſt que comme la matiére de cet Aſtre excite extraordinairement les humeurs, elle les réſout en vapeurs, & les faiſant monter en forme d'air ou de fumée vers le gozier, elles le déſeichent, & elles ébranlent les nerfs d'une façon qui donne occaſion à l'ame de concevoir l'idée de la ſoif.

Mais ſi cette matiére ſe mêle avec la maſſe du ſang, elle l'échauffe tellement, que toutes les impuretez du corps étant pouſſées dehors cauſent par exemple les Ereſipeles, les rougeoles, & les petites veroles qui ſont fréquentes principalement en ces tems-là.

Que ſi maintenant ces impuretez ſont retenuës avec une grande agitation dans la membrane qui couvre interieurement toutes les côtes, elles cauſent les maux de côté, & les pleureſies.

Que ſi au contraire elles s'arrêtent ſans beaucoup d'agitation en quelques parties, elles y cauſent des obſtructions, d'où naît encore une infinité de maladies: Car ſi elles y demeurent trop long-tems, elles ſe putréfient de plus en plus, & elles engendrent des abcez; & lorſque par quelque paſſage elles peuvent ſe mêler avec la maſſe du ſang, elles engendrent des fiévres. Elles ſont en cela comme l'huile qui ſemble d'abord éteindre le feu, & qui pourtant enſuite l'allume davantage; c'eſt à dire que ces impuretez s'emparant la premiere fois du cœur, elles en étouffent preſque toute la chaleur, & elles font ſentir un grand froid, qui eſt ordinairement ſuivi d'un tremblement: mais aprés avoir paſſé pluſieurs fois par le cœur, elles prennent feu & s'embrazent, & ſe répandant enſuite par les arteres dans toutes les parties du corps, elles y portent une chaleur extraordinaire.

Or quand ces impuretez ſon en aſſez grande quantité pour paſſer continuellement dans le cœur, elles cauſent la fiévre continuë; & quand elles n'y paſſent que de tems en tems, elles y cauſent les fiévres intermittentes.

Enfin la matiére qui ſort de la Canicule peut tellement ſubtilizer le Sang, qu'elle le rende preſque ſans conſiſtance; d'où-vient encore une infinité de maladies.

Paſſons maintenant aux Cométes. Il eſt tres-difficile de déterminer les effets que nous devons ou craindre ou eſperer des Cométes. Les Hiſtoires en parlent ſi diverſement, qu'elles attribuent à ces Phénomenes autant de ſuccez favorables, que d'événemens funeſtes.

C'eſt ce qui a donné à quelques-uns occaſion de dire, que les Cométes d'elles-mêmes ne ſignifioient rien, & de rapporter à un ſophiſme qu'on appelle dans l'Ecole *à cauſa pro non cauſa*, ce qu'on dit touchant les effets des Cométes.

Neanmoins ſi nous voulons juger ſainement des choſes, nous devons attribuer aux Cométes quelques effets. Comme la Cométe, ſuivant ce que nous avons remarqué, eſt une Etoile couverte de pluſieurs taches, elle tourne de même qu'une Planéte ſur ſon centre, & il ſort parconſéquent de la matiére par les endroits les plus éloignez des Pôles. Or comme cette matiére a beaucoup d'agitation, on ne peut douter qu'étant receuë dans un ſujet, elle ne ſoit capable d'y cauſer quelque alteration. Si donc une Cométe ſe rencontre dans le grand tourbillon du Soleil, où celuy de la Terre eſt renfermé, elle pourra envoier une matiére ici-bas qui ſera capable de quelques effets.

Mais doit-il arriver quelque choſe ou de funeſte ou d'avantageux de ces effets? C'eſt ce qu'on ne peut déterminer. Il y a des Etoiles dont les Influences ſont bonnes ; & il y en a dont les Influences ſont malignes : Il y a des Etoiles dont la matiére répanduë ici-bas produit la chaleur, & il y en a d'autres dont la matiére cauſe le froid : Il y a des Etoiles qui excitent les tempêtes ; il y en a d'autres qui apportent le calme : Il y en a qui rendent le tems humide ; il y en a qui le rendent ſec : Il y en a enfin qui répandent dans l'air un venin capable de cauſer des contagions ; & il y en a d'autres qui le purgent de toutes impuretez. Comme donc nous ne ſçavons pas de quelle Etoile eſt produite une Cométe, nous ne pouvons déterminer précisément les effets qu'elle doit produire.

Ce n'est pas que lors qu'on sçait le chemin que la Cométe doit tenir, on ne puisse établir quelques predictions ; car passant par différens signes, elle peut déterminer la matiére qui en sort, à venir jusques ici-bas, comme on peut voir dans la deuxiéme figure du chapitre cinquiéme. Or si l'on sçait de quels effets est capable la matiére de chaque signe, on sçaura à peu prés quels effets suivront la Cométe.

Et qu'on ne m'objecte point que plusieurs Cométes ont paru, qui neanmoins n'ont été suivies d'aucuns effets, il peut arriver que la matiére qui sort du corps de la Cométe, ne tombera point sur la terre ; elle n'y tombe que selon que la terre & la Cométe se trouvent disposées dans le grand tourbillon du Soleil.

Et il eſt inutile auſſi de me dire que pendant l'apparition d'une Cométe, s'il arrive quelque changement en un endroit, il n'en arrive pas dans un autre; parce que ce Phénoméne n'affecte que le lieu vers lequel il lance la pointe de ſa matiére, ainſi qu'il eſt dit cy-devant.

CHAPITRE VII.

Où l'on montre comment la matiére céleste peut être cause des effets qu'on attribuë aux Talismans.

QUelques-uns rejettent l'usage des Talismans comme vain & superstitieux, & quelques autres le soutiennent comme utile & naturel. Pour moi je croi que si il est veritable, on ne peut rien trouver qui soit plus propre à expliquer les effets qu'on attribue aux figures Talismaniques que la matiére céleste dont nous traitons.

Or les Talismans sont des figures ou médailles qui portent l'image de la Planéte sous laquelle elles ont été faites, & qui sont capables de pluſieurs effets : comme de chaſſer quelques bêtes venimeuſes, d'adoucir les ardeurs d'une fiévre, de préſerver de certains maux, & d'exciter différentes paſſions.

Les Taliſmans ont été ſi communs, qu'autrefois pour attirer le bonheur on les mettoit dans les maiſons, & que pour préſerver les voiageurs de naufrage, on attachoit ces médailles à la prouë des navires; d'où-vient que l'on les a appellez enſuite *averrunci dii* ou *dii tutelares*. Quelques-uns diſent que les vaiſſeaux d'Enée portoient un Taliſman de deux Lions : Que le vaiſſeau d'Alexandrie ſur lequel S. Paul navigea portoit un Taliſman où Pollux & Caſtor étoient gravez, ou ſelon les Arabes, les deux Jumeaux; & que celui ſur lequel Hypocrate fit voile pour aller guérir Democrite & Abdera, portoit la figure du Soleil. On mettoit encore à la prouë des navires la ſtatuë de quelque divinité, c'eſt pourquoi Virgile dit :

aurato fulgebat Apolline puppis

Et Perſe :

jacet ipſe in littore, & unâ
Ingentes de puppe Dei.

Ce qui auroit donné, ſans doute, à la fable ſujet de dire, que Jupiter avoit ravi Europe ſous la figure d'un Taureau : parce que le navire des Crétois qui l'enleverent avoit peut-être pour Taliſinan la figure de cet animal céleſte, & pour divinité la ſtatuë de Jupiter : & c'eſt de là, comme je croi, qu'eſt venuë la coûtume que nos navires portent le nom & l'image de quelque Saint.

On rapporte pluſieurs exemples des effets de ces figures Taliſmaniques. Gregoire de Tours, un des plus fidelles Historiens que nous aions eu, écrit que comme on creusoit les ponts de Paris, on trouva une piece de cuivre en laquelle il y avoit la figure d'un rat, d'un serpent, & d'un feu; & que cette piéce aiant par hazard été gâtée, on vit peu de tems aprés dans la ville un grand nombre de serpens & de rats, qui auparavant étoient inconnus. Gervais Chancelier de l'Empereur Othon, dans le livre qu'il presenta à cet Empereur sous le titre d'*Otia Imperialia*, dit que Virgile fit deux Talismans, l'un qui étoit une mouche d'airain qu'on mit sur une des portes de Naples, empêcha pendant huit ans qu'aucune mouche n'entrât dans la ville. L'autre qui étoit une sang-suë d'or, qu'on jetta dans un Puits, chassa une prodigieuse quantité de ces bêtes qui affligeoient la même ville. Et au raport de Lonclavius, Mahumet Sultan fit abattre dans Babilone un cheval d'airain qui portoit un Chevalier, lequel ſelon l'opinion commune conſervoit la ville contre la peſte ; car cette maladie y fut depuis ſi grande, qu'en l'eſpace de quatre mois, comme aſſeure le même Auteur, elle étouffa cent cinquante mille perſonnes.

Et de nos jours il eſt arrivé une hiſtoire fort remarquable de la force des Taliſmans. Un jeune enfant avoit un Taliſman qui le garantiſſoit à ce qu'on dit, de pluſieurs maux : Un jour l'aiant perdu dans la Chartreuſe de Paris, il retomba dans ſes premiéres maladies : mais depuis aiant été retrouvé, on ne le rendit qu'en preſence de pluſieurs perſonnes qui s'étoient exprés aſſemblées pour examiner la verité d'un effet ſi ſurprenant, & qui furent obligées de reconnoître la vertu des figures Taliſmaniques.

Aprés toutes ces exemples il ſemble que ce ſeroit une témérité de révoquer en doute la verité des Talismans, & que ce seroit détruire la foi que l'on doit à l'histoire, que d'estimer faux tous ces témoignages. Quoiqu'il en soit, ceux qui soûtiennent que l'usage des Talismans est naturel, demandent pour en composer quelques conditions.

La premiére, que la matiére dont on fait le Talisman soit un métail.

La seconde, que pour recevoir l'impression de la figure de l'Astre, le métail soit fondu & jetté en moule.

La troisiéme, que l'atraction de l'influence se fasse dans le tems où l'Astre domine.

La quatriéme, que celui qui fait la figure travaille en un tems serain.

Et la derniére, qu'il ne doit être attentif qu'à ſon ouvrage.

Premiérement je ne croi pas que l'impreſſion de la figure ſoit beaucoup néceſſaire à l'uſage du Taliſman. Elle ne nous ſert ſeulement que pour nous apprendre que le Taliſman eſt fait ſous une certaine conſtellation, & pour nous en faire connoître l'uſage & les propriétez. Je ne croi pas non plus que la grande attention que l'on demande à celui qui fait la figure ſoit auſſi fort néceſſaire à l'effet du Taliſman.

Ce qu'il faut ici conſiderer, eſt le ſoin que l'on doit avoir de fondre le métail pendant que l'Aſtre domine, & dans un tems ſerain; car quoique les influences ſoient capables de pénétrer les corps les plus épais, & de percer les lieux les plus profonds, elles pourroient être neanmoins affoiblies par la denſité des nuages, & par les influences des autres Aſtres.

Cela ſupoſé, on peut croire que la matiére de l'Aſtre qui domine deſcendant ici bas, pénétrera le métail fondu, le percera d'une infinité de trous, & en remplira tous les pores ; de ſorte que ce métail, aprés méme s'être figé, conſervant tous ces trous, y conſervera auſſi la matiére céleſte qui y ſera reſtée.

Ainſi je croirois que les Taliſmans ſont comme des pierres d'Aiman, & que comme la matiére magnétique circule à l'entour de l'Aiman, de même l'influence céleſte circule à l'entour du Taliſman. Il y auroit neanmoins cette différence, que les pôres du Taliſman ne ſont pas, comme les pôres de l'Aiman, faits en forme d'écroües. Nous avons vû que la matiére céleſte, qui peut pénétrer le Taliſman n'a pas la forme de vis, ainſi que la matiére qui pénétre l'Aiman.

Les Talismans n'ont de la vertu que pendant un certain tems, & plusieurs dont on a autrefois raconté des merveilles, sont aujourd'hui stériles & sans effet. C'est ce qui s'accorde tres-bien avec les principes que je viens d'établir : Car comme la matiére céleste qui circule continuellement, peut changer les pôres du Talisman, elle en peut diminuer la force, parce que les parties de la matiére céleste, qui ne trouvent plus de pôres proportionnez à leurs figures, s'en détachent facilement, sans que d'autres parties succedent à leur place.

Ce que nous avons dit peut servir à rendre raison des effets qu'on attribuë aux Talismans : Car si de la poudre de crapaux que l'on porte sur soi, peut préserver de maladies contagieuses, il semble qu'on peut dire que le Talisman est capable & de garantir, & de guerir de plusieurs sortes de maux la personne qui le porte; il ſemble, dis-je, qu'il eſt capable de préſerver quelque lieu de toutes ſortes d'inſectes. La matiére de l'Aſtre qui eſt amaſſée en grande quantité autour du Taliſman, ne peut-elle pas être un poiſon à ces animaux, & ne peut-elle pas par ſes effuſions empêcher la production des bêtes vénéneuſes? La poudre de ſympathie répand ſa vertu à une diſtance fort grande: Un peu d'eau de Scorpion donne la mort: La ſalive d'un chien enragé donne la rage.

Pour juger de l'effet d'une matiére, il ne faut pas en conſidérer ſeulement la qualité, il faut encore en conſiderer la force. Or comme cette force conſiſte & dans l'activité, & dans la ſubtilité; il faut croire que la matiére qui circule autour du Taliſman venant des Aſtres, a beaucoup de force.

Les Taliſmans pourroient donc avoir des effets naturels ; & je ne voi pas, comme quelques-uns disent, comment dans les passions qu'ils excitent, le démon peut avoir plus de part que la nature. La matiére Astrale dont ils sont remplis peut agiter de telle façon les humeurs & les esprits, qu'elle fasse naître en nous les mouvemens ou d'amour ou de haine, ou de hardiesse ou de crainte. Quel inconvenient donc y auroit-il d'asseurer que le Talisman que l'on porte à dessein de donner de l'amour, ne donne en effet de l'amour à la personne auprés de laquelle on le porte.

Ceux qui ont écrit de cette matiére, veulent que parce que l'Influence part de la personne qui porte le Talisman, se soit aussi cette personne qui soit aimée: Mais comme dans l'ardeur de l'amour tous les objets plaisent indifféremment, parce qu'on aime sans raison, je croirois que les personnes qui sont agitées de la vertu Aſtrale du Taliſman, aiment le premier objet qui ſe préſente ; ainſi il faudroit que la perſonne qui porte le Taliſman, fut ſeule avec celle dont elle ſe voudroit faire aimer, pour en étre aimée effectivement ; ou du moins il faudroit qu'elle fut dans une telle ſituation, que l'objet dont elle rechercheroit l'amour ne peut enviſager fixement d'autre perſonne qu'elle.

La raiſon eſt que comme les émotions du corps s'opiniâtrent à tracer dans le cerveau une même idée, elles obligent l'ame à y être non ſeulement attentive, elles la pouſſent encore à rechercher l'objet de ſon amour ; & parce que l'ame n'apperçoit preſque rien autre choſe que la perſonne ſur laquelle elle jette des regards fixes ; elle la prend pour l'objet deſiré, & joignant l'idée de cette perſonne avec les émotions du corps, l'une ne ſe repré-

représente plus sans l'autre.

Dans l'ardeur de l'amour, il est dangereux de regarder fixement une personne d'un autre sexe : Il est de nous alors comme des feux d'artifice, la moindre étincelle nous enflamme. Sanson rend le cœur aux attraits d'une fille ; les Juges d'Israël s'enflamment à la veuë de Susanne ; & David devient impudique aux approches de Bersabée.

Il ne resteroit donc plus qu'à faire choix des Astres pour fabriquer les Talismans, & on pourroit en cela suivre le sentiment des Anciens, qui se sont attachez particuliérement à découvrir les proprietez des Astres.

Je sçai qu'on dit que ces Anciens ont plûtôt agi par un caprice que par la raison ; & que les Etoiles qu'ils ont appellées d'un seul nom le Taureau, pouvoient être appellées le Lion ; & celles qu'ils ont nommées le Lion ; pouvoient être nommées le Taureau : Mais bien loin de rendre imaginaire cette imposition de noms, on donne des conjectures de quelque verité. L'esprit humain est trop amoureux de la vraie semblance pour s'en éloigner tout à fait ; si ridicules que soient ses imaginations, il ne manque jamais de les couvrir de quelque espece de verité ; de sorte qu'il y a grande apparence que les noms extraordinaires qu'on a imposez aux Astres, ne sont pas des ouvrages de la phantaisie de ceux qui les ont donnez, qu'ils sont au contraire des effets de la nécessité qu'on a euë de suivre les raisons & les expériences qui marquoient cette verité.

Et en effet, si l'on veut dire les choses comme elles sont, on n'a donné des noms aux Astres qu'aprés avoir remarqué quelques effets. Car les Anciens observant que le Soleil faiſant le tour de la terre, agiſſoit en douze différentes maniéres, ont diviſé le Zodiac en douze parties qu'ils nous ont marquées par des animaux. On ſçait que les Anciens n'aiant pas comme nous la commodité de l'Imprimerie & de l'écriture, repréſentoient les veritez de Philoſophie par des images; & qu'afin que ceux qui verroient les Aſtres répréſentez par des figures connuës, ſceuſſent en même tems les propriétez qu'ils avoient, ils cherchoient ſur la terre ce qui avoit plus de raport aux effets des Aſtres.

C'eſt pourquoi on ne doit pas eſtimer davantage Schiler, pour avoir changé & le nom & la figure de toutes les conſtellations, & pour avoir mis dans le globe qu'il a compoſé un S. Pierre, au lieu du Bellier; un S. Paul, au lieu de Perſée; un S. Michel, au lieu de la grande Ourſe, & ainſi du reſte.

Il y a neanmoins dans l'art des Taliſmans quantité de choſes dont je ne voudrois pas répondre; on y a gliſſé cent erreurs; on y a mêlé cent réveries; & on en a dit des choſes ſi peu croiables, que cet art ne paſſe plus que pour une ſuperſtition, & ces médailles que pour des enchantemens.

CHAPITRE VIII.

Où l'on fait voir comment la matiére céleste peut causer dans les hommes différentes inclinations.

CE n'est pas une chose nouvelle de dire que les Astres soient capables d'exciter en nous différentes inclinations : S. Jean Damascene, S. Thomas, & plusieurs autres l'ont avant moi enseigné : Mais c'est une chose nouvelle d'expliquer comment les Astres les excitent. Je ne connois point d'Auteurs qui aient écrit sur cette matiére, dont on puisse seulement dire, que les raisons soient probables : Au contraire elles sont quelquefois si éloignées du sens commun, qu'elles ne servent qu'à rendre & les Auteurs ridicules & la doctrine méprisable.

Il me semble que je n'ai pas sujet d'apréhender le même desavantage. Comme je raisonne sur des principes tres-clairs, on ne peut attendre dans les conclusions que j'en tirerai qu'une évidence toute particuliere.

Et afin de commencer cette discution, & de la faire autant exactement que la beauté du sujet le demande : je recherche premiérement les causes des différentes humeurs, & des diverses inclinations des hommes. L'Ecole tranche fort court sur ce chapitre, & pour s'exemter de la preuve, elle dit qu'il ne faut point demander la cause ni des inclinations ni des aversions naturelles. Quelques-uns croiant dire quelque chose de plus, ont avancé que les diverses humeurs venoient des divers températmens.

Il eſt vrai, mais on demandera deux choſes. Premiérement, les cauſes des tempéramens ; & ſecondement, la maniére dont les divers tempéramens donnent à l'ame différentes inclinations. Sans rechercher le ſentiment des autres, je trouve que la différence des eſprits animaux pourroit bien faire la diverſité des inclinations : parce que comme ces eſprits excitent dans nous divers mouvemens, ils donnent occaſion à l'ame de former différentes penſées ; la reïteration de ces penſées fait l'habitude, & l'habitude fait l'inclination.

La raiſon c'eſt qu'il y a une ſi grande liaiſon entre le corps & l'ame, que quand nous avons une fois joint une action du corps à une penſée de l'ame ; l'une ne ſe préſente pas ordinairement, qu'en même tems l'autre ne ſe préſente. Les paroles ont une ſemblable liaiſon. Quoi qu'elles n'aient aucune reſſemblance aux choſes qu'elles ſignifient, neanmoins ſans que nous prenions garde ni au ſon des mots, ni à l'arrengement des ſyllabes, elles nous font concevoir les choſes ſignifiées.

Pout entendre parfaitement ces choſes, j'ai beſoin de faire quelques réfléxions. Premiérement, le ſeul mouvement d'un corps eſt capable d'exciter en l'ame un ſentiment. Le bourdonnement que nous entendons quand nous mettons le doigt dans nôtre oreille, n'arrive que parce que l'air qui eſt agité y eſt retenu. Le coup qu'on nous donne ſur l'œil, ébranle quelquefois tellement le nerf optique, qu'il nous fait voir des étincelles de feu qui ne ſont point hors de nôtre œil.

Mais il faut ſçavoir qu'afin que ce mouvement ſoit ſenſible à l'ame, il faut que par le moien des nerfs, il ſe communique au cerveau. Comme me ces petits filamens ſont tendus depuis le cerveau juſqu'aux extrémitez du corps, ils ne peuvent être touchez, qu'en même tems ils n'agitent la partie du cerveau, d'où ils tirent leur origine; c'eſt pourquoi quand quelque obſtruction empêche les nerfs de porter le mouvement au cerveau : quelque choſe que l'on faſſe à la partie, où aboutiſſent ces nerfs, on ne ſent aucune douleur.

Secondement les divers ſentimens de l'ame ne procedent que du mouvement, de la figure, & de la grandeur des parties du corps qui ébranlent les nerfs; le vin, l'eau, les viandes, les fruits étant compoſez de diverſes parties, excitent auſſi dans l'ame différens ſentimens. Quelques uns aſſeurent que c'eſt par le moien des eſpeces intentionelles; mais ce ſont des mots, & tous les mots ſont creux. Que veulent-ils dire? Pour avoir droit d'attribuer ces effets aux espéces intentionelles, il faut montrer & ce que sont ces espéces, & comment elles se font sentir à l'ame. Quelques autres disent, que dans toutes les parties du corps l'ame a des espions qui l'avertissent de tout ce qui s'y passe. Sans doute que ces gens-là croient que pour rendre une extravagance décisive, il suffit de l'avancer. Il est donc plus à propos de croire que les divers sentimens sont causez par les différens ébranlemens des nerfs; & en effet on ne sçauroit remarquer entre les nerfs aucune différence, qui fasse juger que les uns aportent au cerveau quelqu'autre chose que les autres, ni aussi qu'il y aportent rien, que les diverses façons, dont ils sont mûs.

Si le corps & l'ame n'étoient point unis, quelque mouvement que le corps pût recevoir, l'ame n'auroit pour cela aucun sentiment; le sentiment est une pensée de l'ame, me ces petits filamens ſont tendus depuis le cerveau juſqu'aux extrémitez du corps, ils ne peuvent être touchez, qu'en même tems ils n'agitent la partie du cerveau, d'où ils tirent leur origine; c'eſt pourquoi quand quelque obſtruction empêche les nerfs de porter le mouvement au cerveau : quelque choſe que l'on faſſe à la partie, où aboutiſſent ces nerfs, on ne ſent aucune douleur.

Secondement les divers ſentimens de l'ame ne procedent que du mouvement, de la figure, & de la grandeur des parties du corps qui ébranlent les nerfs; le vin, l'eau, les viandes, les fruits étant compoſez de diverſes parties, excitent auſſi dans l'ame différens ſentimens. Quelques uns aſſeurent que c'eſt par le moien des eſpeces intentionelles; mais ce ſont des mots, & tous les mots ſont creux. Que veulent-ils dire? Pour avoir droit d'attribuer ces effets aux eſpéces intentionelles, il faut montrer & ce que ſont ces eſpéces, & comment elles ſe font ſentir à l'ame. Quelques autres diſent, que dans toutes les parties du corps l'ame a des eſpions qui l'avertiſſent de tout ce qui s'y paſſe. Sans doute que ces gens-là croient que pour rendre une extravagance déciſive, il ſuffit de l'avancer. Il eſt donc plus à propos de croire que les divers ſentimens ſont cauſez par les différens ébranlemens des nerfs; & en effet on ne ſçauroit remarquer entre les nerfs aucune différence, qui faſſe juger que les uns aportent au cerveau quelqu'autre choſe que les autres, ni auſſi qu'il y aportent rien, que les diverſes façons, dont ils ſont mûs.

Si le corps & l'ame n'étoient point unis, quelque mouvement que le corps pût recevoir, l'ame n'auroit pour cela aucun ſentiment; le ſentiment eſt une penſée de l'ame, la pensée étant spirituelle, & le mouvement étant materiel, n'ont de soi aucun raport. Ces deux choses n'ont du raport que parce que Dieu a voulu qu'une telle pensée s'ensuivit d'un tel mouvement; & qu'un tel mouvement s'ensuivit d'une telle pensée.

Que si l'on m'objecte qu'une telle suite est impossible, à cause qu'il ne peut y avoir de raport entre un mouvement & une pensée; je demande si entre les mots & les choses que les mots signifient il y a un plus grand raport qu'entre le mouvement & la pensée. Si les mots ont été instituez des hommes pour signifier les choses avec lesquelles elles n'ont aucune convenance; aussi les mouvemens peuvent avoir été établis de Dieu comme des signes pour exciter dans l'ame des pensées.

Nous avons donc assez fait connoître comment la différence des esprits animaux peut faire la diversité des inclinations. Il reste encore à sçavoir en combien de maniéres les esprits peuvent être différens, & comment ils doivent être modifiez pour porter les hommes à l'amour, à la haine, à la crainte, à la hardiesse & aux autres passions.

M. Descartes prétend que les esprits peuvent être différens en quatre maniéres ; ou bien, dit-il, „ parce qu'ils sont plus ou moins „ abondans; ou bien parce que leurs „ parties sont plus ou moins grosses, „ ou plus ou moins agitées, ou enfin „ plus ou moins égales entr'elles.

„ L'abondance des esprits excite „ en nous les mouvemens d'amour, „ de bonté, & de liberalité : Les „ parties des esprits qui sont fortes „ & grosses font les mouvemens „ de confiance & de hardiesse ; les parties des mêmes esprits qui sont « égales en figure, en force, & en « grosseur causent le mouvement de « constance. Si maintenant les par- « ties sont également agitées, elles « causent un mouvement de tran- « quilité ; & enfin si elles sont iné- « galement agitées, elles excitent « des mouvemens de desir, de « promptitude, & de diligence. « Mais quand les esprits sont pri- « vez de toutes ces qualitez, ils ne « sont capables, que de produire en « nous des mouvemens de maligni- « té, de crainte, d'inconstance de « l'enteur, & d'inquietude. «

Toutes les inclinations naturel- « les dépendent de ces mouvemens. « L'humeur joieuse est composée « de la promptitude & de la tran- « quilité d'esprit ; & elle est perfe- « ctionnée par la bonté & par la « confiance. L'humeur triste est com- « posée de la lenteur & de l'inquié- « tude ; & elle peut être augmentée «

„ par la malignité & par la crainte.
„ L'humeur colerique est composée
„ de la promptitude & de l'inquié-
„ tude ; & elle est fortifiée par la
„ malignité & la défiance. Enfin la
„ liberalité, la bonté, & l'amour
„ qui dépendent de l'abondance
„ des esprits, forment en nous une
„ humeur agreable, qui nous rend&
„ complaisans, & bien-faisans à
„ tout le monde. La curiosité, & les
„ autres desirs dépendent de l'agi-
„ tation des parties des esprits, &
„ ainsi des autres.

Suivant cette pensée ne pouvons-nous pas croire que la matiére, qui sort de différens Astres, est capable de causer en nous divers mouvemens, & parconsequent diverses inclinations ? Ne peut-elle pas être de telle nature, qu'entrant avec le sang dans le cœur, & y excitant plus ou moins de chaleur, elle produise plus ou moins d'esprits ? De plus cette matiére céleste, selon les Aſtres dont elle ſort, ne peut-elle pas avoir des parties plus ou moins groſſes, ou plus ou moins agitées, ou plus ou moins égales entr'elles?

Et c'eſt ce qui fait voir la foibleſſe de quelques raiſonnemens, dont un Auteur de ce tems s'eſt ſervi, pour réfuter les Influences des Aſtres ſur les hommes.

Le premier eſt, que la nature " de nôtre volonté eſt telle, qu'il n'y " a point de cauſe extérieure qui " puiſſe agir ſur elle, ſi ce n'eſt celle " qui lui a donné l'Etre, & qui for- " me en elle les diverſes inclina- " tions qui s'y rencontrent. Car " la volonté, dit cet Auteur, eſt une " puiſſance libre, qui ſe détermine " elle même à agir, & qui ne ſe " porte à un objet, que parce qu'el- " le le veut & le deſire: Et ainſi il " faudroit être la cauſe de cette dé- " termination, & il faudroit pro- "

„duire ces desirs dans la volonté „pour en être veritablement le „principe & le moteur. C'est pour- „quoi comme cette prérogative „n'appartient qu'à Dieu seul, il „faut dire, qu'il n'y a que lui qui „ait la puissance de la mouuoir & „de la porter intérieurement où il „lui plaît ; & parconséquent que „c'est sans raison que quelques- „uns prétendent attribuer cette „même vertu aux Astres & à leurs „Influences.

Cet Auteur peut-être ne veut combattre que certains Astrologues ou faiseurs d'horoscopes, qui veulent que les Astres déterminent nécessairement la volonté de l'homme.

Mais pour montrer que cette objection ne détruit point les Influences des Astres sur les hommes, les paroles, qui sont des causes extérieures, font de si grandes impresſions ſur l'ame, qu'elles ne font pas ſeulement concevoir à l'eſprit les choſes qu'elles ſignifient ; elles lui inſpirent encore diverſes penſées : elles portent la volonté à la paix, à guerre, à l'amour, à la haine. Les biens & les maux, qui ſont auſſi des cauſes extérieures, agiſſent puiſſamment ſur la volonté. Que nous font-ils entreprendre ? Ou plûtôt, que ne nous font-ils pas entreprendre ? Enfin toutes les paſſions corporelles qui ſont extérieures à l'ame, ont tant de pouvoir ſur la volonté, que ſouvent elles l'emportent & ſe l'aſſujettiſſent.

De plus ſelon les différens tempéramens, l'ame a différentes inclinations. Le tempérament bilieux la rend colére & hardie ; le pituiteux la rend lâche & efféminée ; le ſanguin la rend joviale & amoureuſe ; & le mélancolique la fait contemplative & ennemie de la ſociété.

Enfin il y a un équivoque quand „ on dit, qu'il n'y a point de cause „ extérieure que Dieu, qui puisse „ agir sur la volonté. Une cause peut agir sur une autre cause phisiquement & directement; elle peut aussi agir moralement & indirectement: Dieu agit de l'une & de l'autre maniére sur la volonté. Il agit phisiquement & directement, quand il produit immédiatement dans l'ame les desirs & les inclinations de la volonté: & cet avantage appartient seulement à Dieu. Il agit moralement & indirectement lorsque représentant le bien d'un objet, ou il incline la volonté à l'embrasser, ou il excite dans le corps une passion qui la porte à la poursuite de cet objet: & toutes causes soit spirituelles, soit corporelles, peuvent agir de cette maniére sur la volonté.

Les Astres n'agissent sur la volonté ni phisiquement ni directement; entre l'agent, & le patiant, comme parlent les Philosophes, il faut quelque proportion : les Astres sont materiels, la volonté est spirituelle; entre le matériel & le spirituel il n'y a point de proportion. Mais les Astres agissent indirectement sur la volonté : Comme ils peuvent exciter dans le corps divers mouvemens, ils peuvent faire naître dans la volonté différens desirs.

Le second de ces raisonnemens c'est, Que les Astres n'étant que « des causes tout à fait matérielles, « s'ils ont quelques Influences, ils ne « peuvent les répandre tout au plus « que sur des sujets qui leur soient « proportionnez, c'est à dire qui « soient matériels comme eux. Or « la volonté & l'entendement, qui « sont les principes des actions hu- « maines, ne sont point au rang des « choses matérielles; & parconse- « quent les Astres ne sont pas capa- «

„ bles de les mouvoir, ni d'y pro-
„ duire aucun changement par
„ leurs Influences.

Il n'y a qu'à distinguer cette proposition de même que la précédente, & dire que les Influences se répandant sur le corps, obligent l'ame à former de nouvelles pensées; car selon que la matiére qui sort des Astres est modifiée, elle agite diversement les petites branches des nerfs; & selon leurs diverses agitations, l'ame se sent portée tantôt à une passion, & tantôt à une autre.

Ce qui trompe la pluspart du monde, c'est de croire que l'ame n'a que des passions purement spirituelles, qui naissent d'une connoissance claire & distincte du bien & du mal: Mais on doit considerer qu'elle en a d'autres qui lui arrivent par l'impression que font dans le cerveau, ou les différens mouvemens des nerfs, ou les diverses agitations des esprits. Et ce sont ces passions-là dont nous entendons parler.

Si on ne demeure d'accord de cette verité, je desirerois donc qu'on m'explicât comment l'air qui est matériel aussi bien que les Astres, agit cependant sur nôtre ame; un air serain nous rend joieux, un air chargé nous rend triste. Qu'on m'expliquât, dis-je, comment tous les mouvemens qui sont dans le corps, peuvent ébranler la volonté & l'incliner à différens objets. En un mot, si parce que l'ame est spirituelle, elle n'est nullement susceptible des impressions corporelles, je voudrois qu'on me donnât une autre explication à ce passage de M. Descartes. Les passions d'agréement « & d'horreur, dit-il, ont coûtume « d'être plus violentes que les au- « tres espéces d'amour ou de haine; « dautant que ce que l'ame reçoit « *Art.* 85.

„ par les ſens, la touche plus forte- „ ment que ce qu'elle reçoit par la „ raiſon. Je doute fort ſi l'on trouvera une explication favorable à l'opinion contraire; & ſi ſans ſupoſer que ce qui eſt matériel puiſſe agir en quelque façon ſur une choſe ſpirituelle, l'on peut rendre raiſon de tous ces effets.

1. part. q. 115. art. 4. Corpora celeſtia imprimunt in hominũ corpora directè & per ſe: in vires autem animæ quæ ſunt actus organorũ non directè ſed per accidens.

S. Thomas dont on a pris les objections que je viens de réfuter, „ confirme ma réponſe. Les corps „ céleſtes, dit ce Docteur, ſont im- „ preſſion ſur les corps des hommes „ directement & par eux-mêmes, „ & ils n'en font ſur les facultez de „ l'ame qu'indirectement & par ac- „ cident.

Ainſi quoique les Aſtres ſoient matériels, il eſt donc vrai de dire, qu'agiſſant ſur le corps, ils ſont capables de mouvoir la volonté, & d'y produire quelques changemens.

Comme jusques ici nous avons fait voir comment les Astres produisoient les diverses inclinations, nous devons à présent montrer en quel tems ils les produisent; & pour cela il faut observer le tems où l'ame a pû ressentir ses premieres passions.

Mais auparavant, arrestons-nous encore à considerer l'union étroite de l'ame & du corps. Il est vrai que parmi les choses creées il n'y a point d'union si parfaite. L'Ame pénétre la moindre des parties du corps; elle est toute en tout, & toute en chaque partie : Elle est toute en tout, puisqu'elle sent les impressions que les objets extérieurs font sur le corps, & que le corps obeït à l'instant au desir de l'ame: Elle est toute en chaque partie, puis qu'elle peut y apporter du changement, & que chaque changement est presque toujours suivi d'une nouvelle pensée. Or comme il est naturel d'aimer les choſes avec qui on a de la liaiſon, & que plus l'union eſt étroite, plus auſſi l'amour eſt puiſſant; il s'enſuit que l'ame aime parfaitement le corps. Elle s'intereſſe dans tout ce qui le regarde; & parce que depuis le moment de ſon union elle le conſidere comme ſa demeure, & comme faiſant avec elle un tout tres-noble & tres-parfait, elle ſe rend complaiſante aux inclinations d'une partie qui lui eſt ſi étroitement unie : elle compoſe preſque toutes ſes penſées ſur ſes mouvemens : elle joint à des mouvemens languiſſans des penſées languiſſantes; à des mouvemens violens des penſées violentes; l'indiſpoſition du corps l'atriſte, la ſanté la réjoüit.

La joie & la triſteſſe ne ſont donc proprement que des penſées qu'a l'ame quand elle s'aperçoit de la bonne ou de la mauvaiſe conſtitution du corps : C'eſt le ſentiment

ment de S. Augustin : Comme « la douleur de l'ame, qu'on appel- « le tristesse, est l'opposition qu'a « nôtre ame aux choses qui arrivent « contre nôtre gré : De même, dit ce Docteur, la douleur du corps « n'est autre chose que le chagrin « que nôtre ame conçoit à cause de « son corps, & que l'opposition « qu'elle a aux choses qui se font « dans le corps. «

l. 14. de la Cité de Dieu. cap. 15. Dolor carnis tantummodo offensio est animæ in carne & quædam ab ejus passione dissentio sicuti animæ dolor quæ tristitia nũcupatur dissentio est ab his rebus quæ nobis nolentibus acciderunt.

Et en effet comme le corps est matériel, il est incapable de sentiment ; quoi qu'il soit diversement organizé, il n'est pas moins matiére qu'un corps qui n'est pas organizé ; or la matiére est un néant de sentiment ; quelque effort donc que l'on fasse, on ne l'en rendra jamais capable : qu'on en bouleverse toutes les parties ; qu'on les arrenge de cent maniéres différentes, on ne fera jamais, que ne sentant pas auparavant, elle vienne à sentir. Avant que le sang soit converti en chair, on ne peut pas dire qu'il ſente, pour dire qu'étant changé en chair il commence à ſentir; Quels changemens a-t-il ſouffert, & quelle forme a-t-il receuë? Quoique les ſens ne remarquent plus rien de tout ce que le ſang avoit auparavant, la raiſon montre que c'eſt toujours le même corps, & qu'il n'eſt arrivé du changement que dans la diſpoſition des parties; car comme les parties les plus ſubtiles du ſang ſortent par les pôres des artéres, & que ſelon les figures qu'elles ont, elles s'inſinuent dans les diverſes parties du corps; auſſi venant à s'y fixer, elles augmentent la maſſe où elles ſe ſont arreſtées. Or les divers arrangemens des parties ne ſont point capables de changer la nature de la matiére; ces arrangemens ne ſont que des modes, les modes ne changent point la nature des choſes; & de morte & d'inſenſible qu'eſt la matiére ils ne peuvent la rendre ni vivante ni ſenſible.

On doit néanmoins prendre garde que le mot de ſentiment eſt fort équivoque : il ſe prend tantôt pour l'impreſſion que les corps environnans font ſur un autre corps, & tantôt il ſe prend pour la perception & le jugement qui ſuivent l'impreſſion ; on confond cependant d'ordinaire toutes ces choſes, & quoique le corps ne ſoit ſuſceptique de l'impreſſion, on ne laiſſe pas de dire qu'il eſt capable de ſentiment. Ce ſont des préjugez de nôtre enfance, dont il eſt tres-difficile de nous défaire. L'impreſſion n'eſt pas le ſentiment ; les pierres & les métaux, qui reçoivent auſſi l'impreſſion des corps environnans, ne ſont point ſenſibles : Elle n'eſt donc tout au plus qu'une condition ſans laquelle l'ame n'appercévroit pas les corps qui agiſſent ſur elle.

On me dira néanmoins que le corps agiſſant enſuite de l'impreſſion, c'eſt une marque aſſeurée qu'il eſt ſenſible : la conſequence n'eſt pas veritable ; l'Orgue agit quand elle eſt touchée, elle rend des ſons, elle forme des airs ; on ne dit pas cependant qu'elle ſente l'impreſſion des doigts de l'Organiſte. Comme ces différens jeux ne ſont que des ſuites de l'arrengement des tuiaux & de l'agitation de l'air ; auſſi les divers mouvemens de nos corps ne ſont que des conſéquences de la diſpoſition des organes & de la force des eſprits animaux.

Pour revenir donc à nôtre ſujet, je dis que les premiéres paſſions que nous avons pû avoir dés le ventre de nos meres, ont dû arriver, lorſqu'une nouvelle matiére eſt venuë vers le cœur ; je dis une nouvelle matiére & non pas le ſang, parce que comme les paſſions ne ſont que des changemens, elles ne peuvent être produites que lorſque le cœur reçoit un nouveau ſuc : Or le ſang aiant par pluſieurs circulations paſſé par le cœur, il ne peut pas faire naître les paſſions : mais la raiſon fondamentale c'eſt que cette matiére étrangére n'a pû entrer dans le cœur qu'auſſi-tôt l'ame n'en ait apperceu l'entrée, ſoit parce que le petit nerf du cœur recevoit un ébranlement extraordinaire, ſoit parce que les eſprits s'élevant du cœur changeoient la diſpoſition du cerveau. C'eſt pourquoi l'ame preſſée de l'amour qu'elle a pour le corps, étoit portée ou au plaiſir ou à la douleur par la bonne ou la mauvaiſe diſpoſition du corps.

Nous ne pouvons donc manquer de dire que les premiers ſentimens & d'amour & de joie, ſont arrivez lorſque l'ame a reconnu que cette matiére étrangére n'étoit pas ſeulement capable d'entretenir la chaleur naturelle, qu'elle étoit encore en ſi grande quantité, que le cœur n'avoit pas beſoin d'autre nourriture : & les premiéres impreſſions de haine & de triſteſſe ſont arrivez quand l'ame a reconnu que ce ſuc étranger étoit capable d'éteindre la chaleur naturelle, & qu'il étoit en ſi petite quantité que le cœur étoit obligé de chercher ailleurs une autre nourriture.

C'eſt pourquoi quand aprés il entre dans le cœur un aliment conforme à ces premiers ſucs, l'ame rappelle ſes premiéres penſées ou d'amour ou de haine, ou de joie ou de triſteſſe. Enfin la différence des eſprits animaux a fait naître de la même maniére toutes les autres paſſions.

Et ce qu'il faut remarquer c'eſt que toutes les premiéres paſſions ont laiſſé des traces dans le cerveau, qui ſont autant de diſpoſitions à faire renaître les mêmes passions. Car depuis que l'inclination de l'ame est jointe à un mouvement du corps, aucune cause ne peut plus reproduire ce mouvement, que la même inclination ne revienne; & quoique cette inclination soit excitée par un objet différent du premier objet qui la fait naître; cependant elle ne peut plus revenir dans l'ame, que le même mouvement du corps ne retourne, & que les esprits ne coulent de la méme façon que la premiére fois.

Cela posé, je croi que le tems où les Astres produisent en nous nos inclinations est le tems de nôtre naissance. Il est vrai que l'enfant dans les entrailles de sa mere, peut recevoir quelques impressions des Astres dominans; leur matiére se mêlant avec la masse du sang, & entrant dans le cœur, est capable d'exciter quelques passions, & de laisser ensuite quelques traces dans le cerveau de l'enfant; mais comme les parties du cerveau ſont tres-foibles, & qu'avant que l'enfant ſoit au monde, elles n'ont preſque point de conſiſtance, ces impreſſions ſont trop foibles pour n'être pas effacées pat celles qu'un autre Aſtre dominant à la naiſſance peut tracer nouvellement dans ſon cerveau.

Ainſi parce qu'auſſi-tôt aprés la naiſſance, les parties du cerveau ſe fortifiant, conſervent pendant tout le cours de la vie les premiéres traces, qu'elles ont une fois receuës, on ne doit proprement conſidérer que les impreſſions, que les Aſtres dominans à la naiſſance font dans le cerveau.

Il ne faut pourtant pas s'imaginer, que pendant qu'un Aſtre domine, il agiſſe également ſur tous les enfans qui naiſſent. Il s'accommode aux diſpoſitions particulieres de de l'enfant ; & ſelon que ſon corps eſt plus ou moins préparé, il fait des impreſſions plus ou moins fortes. Les Aſtres ſont en cela ſemblables au Soleil : Quoique le Soleil répande ſur une infinité de corps différens la même lumiére, il ne laiſſe pas ſelon la nature des choſes où ſa lumiére tombe, d'y produire divers effets ; il raréfie de certains corps, & il en condenſe d'autres ; il endurcit la bouë, & il fond la cire ; il nourrit certaines plantes, & il en conſume d'autres ; il forme dans certains païs l'or & l'argent, il produit dans d'autres le fer & l'acier. On n'auroit donc pas raiſon de ſoutenir, comme ont fait quelques Auteurs, que deux enfans étant nez ſous le même Aſtre devroient avoir enſemble un parfait raport d'inclinations, puis qu'il ſe peut faire que l'un & l'autre ne ſoient pas également diſpoſez.

Il y a plusieurs choses ausquelles il faut avoir égard, qui contribuent à mettre dans le corps de l'enfant différentes dispositions; il y a la différente qualité de la semence des parens; il y a la diverse condition de la mere pendant le tems de sa grossesse; & il y a le climat ou la différente constitution du païs natal. Ainsi lorsque la matiére de l'Astre dominant trouve déja dans l'enfant des dispositions conformes à sa qualité, elle y domine puissamment, c'est à dire, qu'elle y fait de fortes impressions : Lorsqu'elle trouve des dispositions un peu contraires à sa qualité, elle y fait de plus foibles impressions: Enfin lorsqu'elle rencontre des dispositions tout à fait opposées à sa vertu, elle n'aporte que quelque moderation.

On peut conclure de là que lors que nous sommes avancez en âge, les Astres ne peuvent former en nous de nouvelles inclinations. Il eſt alors de nos corps à peu prés comme des plantes ; quelque agitation qu'aient les ſucs de la terre, ils ne peuvent faire changer de nature aux plantes ; & quoi qu'ils leur puiſſent faire produire des fruits en quelque façon diſſemblables, ils ne peuvent leur en faire produire de tout à fait différens. Quelque mouvement auſſi qu'aient les Influences, ils ne ſçauroient faire changer nos humeurs ; & de mélancholiques & pituiteux que nous pouvons être, ils ne peuvent nous rendre ni ſanguins ni bilieux : Car comme les plantes n'admettent que des ſucs, dont les figures ſont proportionnées à la figure de leurs pôres : de même les veines & les arteres du cerveau ne donnent paſſage par leurs pôres qu'à certaines parties dont ſe forment les eſprits : Et comme de la diverſité des ſucs, il naît la différence des fruits ; auſſi de la différence des eſprits, il naît la diversité des humeurs.

Ce n'est pas que les Astres ne soient capables d'exciter dans nos corps quelques mouvemens : Peut-être que ce sont eux qui agissent, lorsque sans en pouvoir dire la cause nous nous sentons différemment disposez : Et on ne peut pas nier que toutes les fois que les Astres qui ont dominé au premier moment de nôtre vie, envoient sur nous des Influences ; ils n'excitent nos mouvemens, & ne réveillent nos humeurs.

CHAPITRE IX.

Où l'on découvre comment chaque Planéte en particulier peut causer dans les hommes certaines inclinations

ET PREMIEREMENT

DE SATURNE.

SAturne a toujours été regardé comme la Planéte la plus dangereuse, & on a toujours estimé que ceux qui naissoient sous ses Influences étoient mélancoliques, envieux, malheureux, & sujets à plusieurs infirmitez. C'est pour ce sujet que les Chaldéens, qui pour adorer de faux dieux avoient abandonné le vrai Dieu, voulurent par quelque sacrifice se rendre favorable un Astre si pernicieux. Et comme ordinairement il faiſoit paroître ſes effets ſur les enfans nouveaux nez, ils crurent qu'on ne pouvoit lui faire une offrande plus agreable que de lui en ſacrifier quelques-uns; & c'eſt de là, je croi, qu'eſt venuë la fable qui dit que Saturne dévoroit les enfans.

La pluſpart des Philoſophes qui ne reconnoiſſent dans les Aſtres que la lumiére & que le mouvement, traittent d'illuſions & de chiméres les effets qu'on attribuë à Saturne. Mais ſi l'on conſidére que cette Planéte envoie ici-bas une matiére, on ſera obligé de conclure à l'avantage des Influences: Il faut donc rechercher la nature de Saturne, & conduiſant dans le cœur la matiére qui en ſort, on verra quels effets elle eſt capable de produire.

Nous ſçavons déja que Saturne étant beaucoup éloigné du centre de ſon tourbillon, c'eſt à dire du Soleil, eſt fort ſolide & groſſier: Car comme nous avons déja dit, les loix de la nature veulent, qu'un corps ſe mouvant en rond dans un liquide qui ſe meut auſſi circulairement, s'éloigne ou s'approche du centre à proportion qu'il a plus ou moins de ſolidité : d'où nous avons conclu, que comme toutes les Planétes étoient différemment éloignées du Soleil, les unes étoient plus ſolides que les autres.

Il faut donc croire que Saturne étant un Aſtre ſolide & groſſier, envoie auſſi une matiére ſolide & groſſiére. Je ſçai que M. Deſcartes veut que la matiére qui ſort des Aſtres, ſoit de la matiére du premier Elément; c'eſt à dire une matiére tres-ſubtile : Mais nous avons déja dit, que comme l'eau emporte toujours pluſieurs parties des miniéres où elle paſſe; auſſi la matiére du premier Element, qui ſort en abondance des Planétes en entraîne ſans ceſſe une infinité de parties.

Nous avons encore une preuve de la groſſiéreté de la matiére qui compoſe Saturne. Quoique le Soleil éclaire également tous les corps qui ſont renfermez dans ſon tourbillon; cependant cet Aſtre ne les ſubtilize qu'à proportion de la force de ſes raions. Or parce qu'à meſure que les raions s'éloignent du Soleil, ils s'affoibliſſent & ſe perdent; il s'enſuit que Saturne étant éloigné du Soleil de cinq à ſix mille diamétres de la terre, il n'en doit recevoir que peu de chaleur; & parconſequent les parties qui le compoſent, n'étant que foiblement agitées, ne ſont que tres-peu ſubtiles. Elles ſont à peu prés ſemblables à la terre que nous remarquons ici bas vers les Pôles, qui parce qu'elle n'eſt que foiblement agitée du Soleil, n'a que de la grossiéreté dans ses parties.

Ainsi la matiére grossiére qui sort de Saturne n'aiant du mouvement que par le moien de la matiére subtile qui l'entraîne ici-bas, ne doit être elle seule considérée que comme une masse lourde & pesante.

Cela étant présuposé, de quels effets sera capable cette matiére, lorsque la premiére fois elle entrera dans le cœur? Il y a lieu de croire qu'elle affoiblira la chaleur naturelle, & cet affoiblissement ne peut arriver que l'ame ne se sente portée à la haine. Comme elle s'interesse en la conservation du corps, elle hait un aliment si pernicieux: Elle empesche autant qu'elle peut qu'il ne se convertisse en la substance du corps: Et ne pouvant parvenir à son dessein, elle envoie vers le cœur des esprits qui en retrésissent les orifices ; & par ce moien elle fait que le cœur ne prend de cette nourriture qu'autant qu'il en a besoin pour entretenir la vie.

Cette haine est immédiatement suivie de la tristesse; l'ame n'aperçoit rien dans le corps que de nuisible; le mouvement des nerfs du cœur la confirme que ce suc est devenu une partie du corps; & les esprits qui se forment alors, font dans le cerveau des impressions qui l'avertissent de l'indisposition de cette moitié qu'elle aime.

Et parce que la même disposition affecte toujours le cerveau, & que le sang vicieux infecte perpetuellement le cœur; l'ame s'abandonnant entiérement & à la tristesse, & à la haine, contracte une humeur envieuse ; je dis envieuse, parce que l'envie n'est qu'une espéce de tristesse mêlée de haine.

Tous ces effets ſont des marques de l'amour propre. Comme ordinairement l'homme s'aime plus que tous les autres, le moindre mal ou qu'il ſouffre, ou qu'il apprehende l'afflige & l'atriſte: Tout le choque; tout l'importune; tout ce qu'il apperçoit ne ſert qu'à augmenter davantage ſa triſteſſe, & à faire croître ſa haine: Il ne peut ſans indignation voir dans les autres un avantage qu'il croit lui devoir appartenir; il ſe flatte de ſon propre merite; il ſe perſuade que la nature a été injuſte, parce qu'elle ne lui a pas accordé les perfections qu'elle a données libéralement aux autres; il cherche pour cela l'occaſion de leur nuire; & lorſqu'il la trouve, il s'en ſert à faire éclater l'envie & la haine qui le couſume.

Salomon a bien comparé l'envie à la vipére: Comme ce reptile mange le ventre où il est formé, l'envie consume le cœur où elle est conceuë. Et S. Gregoire de Nice en la vie qu'il a fait de Moïse, dit que l'envieux ressemble aux vautours que les charognes délectent, & que les parfums tuent.

Ainsi l'on ne doit pas s'étonner si les Saturniens sont d'ordinaire malheureux : ils ne se contentent pas de s'affliger eux-mêmes, ils troublent encore autant qu'ils peuvent le plaisir des autres : Ils teignent la pluspart des objets de la couleur de l'humeur dont ils sont travaillez ; & ils ne se forment que des idées sombres de la pluspart des choses, des personnes, & des actions : Si l'on parle de science, il n'y a point de belles productions : Si l'on parle d'invention, elles leur paroissent grossiéres : Si l'on parle des personnes, elles sont toutes deffectueuses : Et tout ce que la nature & l'art produisent de plus beau, ne ſert qu'à exciter leur mépris : Enfin, comme dit Saint Auguſtin, ils ne pleurent que des feux de joie, & ils ne ſoupirent que des chants d'allegreſſe. Or comme l'amour propre tient preſque tous les cœurs, chacun eſt bien aiſe qu'on le regarde avec eſtime, & qu'on admire ſans envie ce qui eſt en lui ; de là vient qu'on fuit ces ſortes de naturels, & que dans leurs néceſſitez on les regarde avec indifférence.

Voila ce que Saturne fait à l'égard de l'ame ; voions s'il traitte le corps plus avantageuſement. On fait paſſer les Saturniens pour être fort ſujets aux cathares, aux rhumes, aux fluxions, aux coliques, aux paraliſies, & à pluſieurs autres infirmitez de même nature, & c'eſt une choſe fort facile à voir : car quelle eſt la cauſe de toutes ces maladies ? je ne penſe pas qu'on en puiſſe apporter d'autre que le peu de chaleur du cœur, la grossiéreté du sang & des esprits, & le peu de mouvement du même sang & des mêmes esprits. Or que fait la matiére de Saturne lorsqu'elle entre dans le cœur ? Nous avons vû qu'elle en éteint comme la chaleur ; & ainsi le sang & les esprits qui s'en forment, sont fort grossiers.

C'est aussi ce peu de chaleur qui fait que les Saturniens ont toujours le visage pâle tirant sur le noir : parce que comme ce sang grossier & noir, coule tres-lentement dans les veines du visage, qui sont fort petites ; il peint le visage de cette couleur.

Enfin nous pouvons remarquer, que les esprits ne pouvant tous passer dans le cerveau, sont repoussez en bas dans les vaisseaux destinez à la génération : Car il faut sçavoir qu'à la sortie du cœur, il y a des artéres qui vont en ligne directe au cerveau, & d'autres qui vont aux vaisseaux spermatiques; & que tous les esprits qui ne peuvent entrer dans le cerveau, soit parce que les passages sont trop petits, soit parce que toute la place est remplie; descendent en bas dans ces vaisseaux. Nous avons une infinité d'exemples qui prouvent cette communication: Ceux qui par l'étude fatiguent beaucoup leur imagination, sont moins propres à la génération; comme au contraire ceux qui par la débauche des femmes font une grande dissipation d'esprits, ne sont pas si propres à l'étude, & deviennent enfin hebêtez.

Or pour revenir à nôtre sujet, ces esprits s'amassant quelquefois dans ces vaisseaux, & y sejournant quelque tems, dautant que leur grossiereté ne leur permet pas d'en sortir si tôt; ils se fermentent & s'embrazent: & c'est la raiſon pour laquelle les Saturniens ſentent quelquesfois des aiguillons d'amour extraordinaires qui les portent juſqu'à la fureur.

DE IVPITER
ET
DE VENVS.

Quoique Jupiter partage avec Venus le pouvoir d'inſpirer de l'amour ; il y a neanmoins cette différence, que Jupiter incline les hommes à la bonté, & que Venus les porte à la beauté ; & cette derniére inclination eſt bien plus violente que la premiére ; la beauté fait bien plus d'impreſſion ſur les ames que la bonté.

L'une & l'autre de ces inclinations ont pour cauſe l'abondance des eſprits : mais parce que l'amour que Venus inſpire eſt plus ſen-

ſenſible que celui que Jupiter influë ; il faut dire que les eſprits qui le cauſent, ſont & plus ſubtils & plus agitez.

C'eſt la différence que je remarque entre Jupiter & Venus : Comme Jupiter eſt plus éloigné du Soleil, il doit avoir des parties plus groſſiéres & moins agitées ; & comme Venus en eſt plus proche, elle doit en avoir & de plus ſubtiles, & de plus agitées.

Ainſi lorſque la matiére qui s'exprime, comme nous avons dit, du corps de Jupiter, ſe mêle avec le ſang, & entre la premiére fois dans le cœur ; nous la devons conſiderer comme capable de produire, par le moien de la chaleur qu'elle y excite, une quantité d'eſprits ; & ces eſprits n'étant pas trop agitez ni trop lents, trop ſubtils ni trop groſſiers, font ſur le petit nerf du cœur & dans le cerveau une impreſſion qui porte l'ame à l'amour ; & comme cette matiére monte continuellement avec les eſprits dans le cerveau, où elle fortifie cette premiére impreſſion : elle oblige l'ame à s'arrêter ſur cette penſée ; de ſorte qu'il en reſte & dans le corps & dans l'ame une diſpoſition à l'amour que nous appellons inclination.

Cette ſorte d'amour a pour objet la bonté, parce que comme l'ame n'eſt point extraordinairement agitée, à cauſe du mouvement modéré des eſprits, elle a le tems d'examiner juſqu'aux derniéres circonſtances ; & comme elle deſire toujours le meilleur, elle s'attache à la bonté préférablement à la beauté.

Diſons de plus, cet amour eſt inſéparable de la liberalité ; la raiſon de cela eſt, que l'ame ne ſçauroit être avare de ce qu'elle croit posséder en abondance ; elle s'accoûtume donc a se répandre sur les objets qu'elle aime ; & comme elle agit avec assez de douceur & de tranquilité, ne pouvant se communiquer elle même, elle communique avec discernement le bien qu'elle possede à ceux qu'elle en a jugé dignes ; & ainsi sans devenir prodigue, elle devient liberale.

Or l'amour, la bonté, & la liberalité étant jointes ensemble, forment en nous une humeur qui nous rend & complaisans & bien faisans à tout le monde ; & c'est ce qu'on dit de ceux qui sont nez sous l'Influence de Jupiter ; c'est pourquoi nous pourions croire que c'est la raison pour laquelle autrefois dans l'antiquité superstitieuse, le nouveau marié donnoit à son espouse une bague, sur laquelle étoit gravé Jupiter auec ces mots en leur angue *bonne fortune* : Cette cérémonie, dit un Ancien, faisoit connoître que l'Epoux souhaitoit que son Espouse accouchât toujours sous les Influences d'une Etoile si favorable.

On estimoit aussi Venus trespropice, & dans tout l'Orient les peuples adoroient cette Planéte: Aussi, dit-on, qu'elle excite des passions agréables & flateuses, qu'elle fait des humeurs galantes & enjoüées, & qu'elle incline aux plaisirs. On peut donc expliquer de cette façon ces effets. La matiére qui sort de la Planéte de Venus entre dans le cœur: Comme elle est fort subtile & en abondance, elle rend le sang plus pur & plus capable d'embrasement; & elle dispose le petit nerf du cœur en la façon qui est requise pour causer le sentiment de l'amour: & les esprits qui se forment alors ne sçauroient monter dans le cerveau qu'ils n'y fassent de belles impressions, & ne produisent une humeur gaïe & agreable; car l'ame ne sçauroit s'appercevoir de cette belle disposition du cerveau qu'elle n'en ressente une joie extréme : Et si vous vous ressouvenez que les pensées suivent les mouvemens du corps, vous verrez que le mouvement des esprits étant également prompt & vif, incite l'ame à former des pensées brillantes & delicates; & c'est ce qui fait qu'une personne a des attraits capables d'attirer tout le monde.

Mais lorsque tout le cerveau est rempli, les esprits qui tâchoient aussi d'y entrer, sont repoussez en bas dans les vaisseaux destinez à la génération : Or ces esprits étant là renfermez, ébranlent tellement les petits filets des nerfs qui y aboutissent; que le mouvement étant porté au cerveau y fait je ne sçai quelles impressions d'amour, qui se réveillent comme nous voions à certains âges & à certains tems.

Cette ſorte d'amour a pour objet la beauté, parce que comme l'ame eſt extrémement agitée à cauſe du mouvement violent des eſprits; elle n'a pas le tems de rien examiner, elle ſe laiſſe emporter par l'éclat extérieur de la beauté ; & s'arrêtant à ſes appas comme au ſeul bien qu'elle recherche, elle s'y joint auſſi-tôt de volonté, & elle en conçoit de l'amour.

Mais ce qu'il y a de remarquable, c'eſt que l'ame n'aime pas la beauté pour elle même, elle ne l'aime que pour la poſſéder, ou plûtôt elle n'en aime que la poſſeſſion; & parce qu'elle la regarde comme le plus grand de tous les biens, elle en deſire ardamment la joüiſſance. Ce n'eſt pas que l'ame ſouhaite la poſſeſſion de toutes ſortes de beautez, elle ne recherche d'ordinaire que la veuë de la beauté dans les perſonnes de même ſexe; mais elle recherche la poſſeſſion de la beauté dans les perſonnes de différent ſexe: La nature y a mis je ne ſçai quels charmes ſi puiſſans, les unes à l'égard des autres, qu'on ſe conſidére comme fort imparfaits & comme une moitié d'un tout, dont une perſonne d'un autre ſexe fait l'autre moitié & tout l'accompliſſement.

C'eſt pourquoi lorſque par quelque empêchement inſurmontable, l'ame eſt retardée de la poſſeſſion de cette moitié, elle emploie tous les eſprits qui ſont dans le cerveau à lui en repréſenter l'image, puiſqu'elle ne la ſçauroit poſſéder autrement, & les parties extérieures demeurant deſtituées d'eſprits, tout le corps tombe en langueur: Et comme dit joliment un Moderne, plus l'amour eſt fort, plus l'amour eſt foible. Il y a des beautez ſecrettes qui ſemblent n'être ſur la terre que pour tiranniſer des cœurs: il y a des charmes inconnus qu'on diroit n'être au monde que pour faire le martire de quelques personnes.

Lors donc que l'ame commence à entrer dans la possession de cette moitié, elle redouble ses assiduitez, & elle augmente ses complaisances : mais comme elle fait consister son plus grand bien dans sa jouïssance, elle en craint extraordinairement la perte : Les choses qui devroient faire son repos, font ses inquiétudes : Elle apprehende que la même foiblesse qui a porté sa moitié à l'obliger, ne la porte à partager ses faveurs. Elle se met donc en garde contre tout ce qui seroit capable de la lui ôter ; la moindre ombre l'étonne ; le moindre soupçon la trouble ; les moindres apparences lui servent de preuves invincibles pour lui faire croire qu'on la lui veut ravir ; en un mot elle devient jalouse.

On hait les compagnons en amour

mour; les rivaux ſont des obſtacles aux plaiſirs que l'on y peut prendre, ils ſont des empêchemens aux voluptez que l'on y peut goûter. Agrippine, dit l'Hiſtoire, fit mourir une femme de condition, parce que le Prince l'avoit cajollée ſur ſa gentilleſſe. Et d'Euterie devint ſi jalouſe de ſa propre fille, qu'appréhendant qu'elle ne lui ravit ſes galans, elle la fit traîner dans un chariot par des bêtes qui l'enſevelirent dans la Meuſe.

Si cet amour a des commencemens favorables, il a des fins fâcheuſes : c'eſt une fleur qui eſt bien-tôt fanée; c'eſt une étincelle qui eſt bien-tôt éteinte : Quand cette moitié eſt poſſédée, elle perd ſes attraits; l'ame n'a plus de deſſein à executer; elle n'a plus de but à atteindre; l'ame n'a plus de deſirs à former; elle n'a plus de jouïſſance à prétendre : le chemin à la jouïſſance eſt le chemin à la mort; le lit des amans, eſt le tombeau des amours.

La conſtance en amour eſt une inconſtance perpétuelle : L'ame s'attache ſucceſſivement à toutes les perſonnes qui ont quelques qualitez éclatantes ; & donnant tantôt la préférence à l'une, & tantôt la donnant à l'autre, elle recherche tantôt l'une, & tantôt elle recherche l'autre.

Enfin une des principales cauſes pourquoi les perſonnes, qui ſont nées ſous les Influences de Venus, ſe laiſſent plûtôt que beaucoup d'autres emporter aux derniers effets de l'amour ; c'eſt que comme elles n'ont jamais que des penſées agreables, & qu'elles ne conçoivent que des choſes flateuſes, c'eſt à dire celles qui ſont les plus capables de plaire, elles ſont recherchées de tout le monde : Ceux qu'elles tentent, s'efforcent de les tenter ; ceux en qui elles excitent des feux, tâchent à faire rejallir ſur elles quelques étincelles ; & cette humeur enjoüée étant jointe au panchant qu'elles ont à l'amour, leur fait dire & écouter des diſcours, qui les engagent quelquefois à des choſes, où d'autres auroient plus de peine à s'engager.

DE MARS.

Les Anciens ont attribué à la Planéte de Mars deux effets qui paroiſſent aſſez différens ; l'un eſt de rendre les hommes courageux, l'autre de les rendre laſcifs : Ces effets à la verité ont en apparence peu de raport l'un avec l'autre ; je ne croi pourtant pas qu'il ſoit difficile de les accorder ; pourveu que l'on ſçache qu'elle eſt la nature de Mars, & en quoi conſiſtent ces habitudes.

Premiérement comme Mars eſt plus éloigné du Soleil que la terre, quoi qu'il ſoit beaucoup plus petit, il doit être compoſé de parties extrémement ſolides. Or parce que plus un corps eſt ſolide, plus il retient de ſon mouvement; quand cette matiére eſt arrivée ſur la terre, elle doit encore avoir preſque toute ſon agitation; parce que la diſtance d'ici à Mars n'eſt pas fort conſidérable.

Secondement le courage eſt une habitude, qui diſpoſe l'ame à l'exécution des choſes, qu'elle veut entreprendre, ſi difficiles qu'elles ſoient. La cauſe de cette inclination eſt l'abondance des eſprits dont les parties ſont plus fortes & plus groſſes, que celles qui produiſent l'amour ou la bonté.

Cela étant ſupoſé, il eſt aiſé de voir comment la Planéte de Mars peut diſpoſer nôtre ame à la générosité. Les eſprits qui ſe forment lorſque la matiére de cette Planéte entre dans le cœur, étant également forts & grossiers ébranlent fortement le cerveau, & font produire à l'ame de généreuses pensées : car il faut toujours se ressouvenir que l'effet le plus naturel de la liaison du corps & de l'ame est que les pensées de l'ame suivent tellement les mouvemens du corps, que la lenteur ou la force des mouvemens, fait la langueur ou la force des pensées.

Ainsi parce que ces esprits sont continuellement poussez hors du cœur, où à mesure que la matiére de Mars y entre, il s'en fait de nouveaux; il est impossible que puis qu'ils sont en même tems & tres-solides, & tres-agitez; ils n'impriment dans le cerveau des traces ineffaçables : & c'est ce qui fait proprement l'inclination courageuse. Car lorsque dans le reste de la vie, il se rencontrera quelque dangereuse occasion, ces esprits produisant dans le cerveau les mêmes ébranlemens, feront que l'ame aura des pensées de hardiesse & de constance, & qu'elle ne craindra pas d'exposer son corps, qu'elle voit préparé pour attaquer & pour résister : & cette disposition va quelquefois jusqu'à faire entreprendre à une personne des choses, qui paroissent tout à fait au dessus de ses forces.

La raison de cela est, que dans ces occasions l'ame étant asseurée que tout se passe bien au dedans du corps, elle se rend attentive à tout ce qui se passe au dehors ; elle est comme un prudent capitaine qui donne les ordres ; elle envoie des esprits dans tous les membres, qui sont nécessaires pour résister ou pour attaquer ; & quelquefois elle en reçoit du cœur, & en envoie dans toutes les parties en si grande quantité ; que le corps est porté à des actions, qui surpassent l'imagination des hommes.

On peut tirer de là une conſequence tres-juſte pour expliquer le ſecond effet qu'on attribuë à Mars. S'il arrive qu'il y ait dans le corps un trop grand nombre d'eſprits, qui ne puiſſent pas ſe diſſiper, comme lors qu'on manque ou d'occaſion ou de paſſion, les eſprits qui montent ſans ceſſe du cœur dans le cerveau, n'y trouvant pas de place, ſont repouſſez en bas dans les vaiſſeaux ſpermatiques. C'eſt pourquoi comme ces eſprits ſont fort agitez, on ne doit pas s'étonner ſi les plus braves ſont ordinairement les plus adonnez aux femmes.

Tout ce qu'on peut m'objecter là-deſſus de plus fort, c'eſt que ſelon mon raiſonnement, il faudroit que Jupiter étant plus éloigné du Soleil que Mars, eût des parties plus fortes & plus groſſes, & que parconſéquent Jupiter mît dans nous des diſpoſitions au courage & à la hardieſſe, & que Mars en produisît à l'amour & à la bonté. Mais cette objection ne doit faire nulle peine, si l'on considére que Mars est fort petit en comparaison de Jupiter: Car étant trente fois ou environ plus petit que lui, & se mouvant cependant à une distance du Soleil si considérable; il doit nécessairement être plus solide que Jupiter.

Et afin qu'on ne se trompe pas en prenant la solidité autrement qu'on ne la doit prendre; il faut sçavoir que proprement ce n'est pas la grandeur des corps qui en fait la solidité, c'est la rareté des pôres; c'est à dire que moins les corps ont de pôres, plus ils ont de solidité: Ainsi quoique Jupiter soit plus grand & plus éloigné du Soleil que Mars, le dernier ne laisse pas d'être à proportion plus solide; de sorte que si le corps de Mars étoit aussi grand que le corps de Jupiter; il se mouveroit à une distance du Soleil beaucoup plus grande que ne ſe meut Jupiter, & peut-être Saturne.

DE MERCVRE.

On dit que Mercure rend ingénieux & éloquens ceux qui naiſſent ſous ſes Influences: & avant que les Grecs euſſent donné à cette Planéte le nom de Mercure, les Arabes l'appelloient *Catab*, c'eſt à dire Ecriture; dautant, diſoient-ils, que cette Etoile étoit favorable aux ſciences. Ces deux qualitez conſiſtent dans la ſubtilité & dans l'agitation des eſprits animaux: dans la ſubtilité, parce que la delicateſſe des eſprits fait la delicateſſe des penſées; dans l'agitation, parce que la vivacité des mêmes eſprits, fait la vivacité des mêmes penſées.

Or la matiére qui ſort du corps de Mercure, peut donner ces deux diſpoſitions aux eſprits animaux.

Mercure eſt le moins ſolide de toutes les Planétes, tant à cauſe qu'il eſt le plus proche du Soleil, qu'à cauſe qu'en étant fort échauffé, il ſe ſubtiliſe extrémement. Ainſi comme il tourne fort vîte ſur ſon centre, il pouſſe avec violence ſur la terre une matiére tres-ſubtile, & cette matiére entrant avec le ſang dans le cœur, le change tout en eſprits.

Et ce qu'on remarque de particulier dans les perſonnes qui ſont nées ſous les Influences de Mercure, c'eſt que comme les eſprits ſont & ſubtils & abondans, ils paſſent avec facilité du cerveau dans tous les muſcles : ce qui rend leurs ſens fort aigus, & toutes les parties du corps tres-mobiles.

Et c'eſt, comme je croi, la raiſon pour laquelle on peint Mercure avec des aîles, & qu'on le fait préſider aux marchands ; comme ces personnes ont besoin de beaucoup parler & de beaucoup agir ; ils doivent être également agiles & industrieux : & pour la même raison on dit, que les voleurs devant nécessairement avoir de l'industrie & de l'agilité, participent davantage aux Influences de cet Astre.

DE LA LVNE.

Un Ancien dit, que la Lune étant pleine étoit estimée heureuse, mais qu'aiant sa figure de croissant, elle étoit réputée contraire. Les Hébreux l'avoient tellement en horreur dans ce dernier état, que pour l'éloigner du lieu d'un accouchement, ils faisoient mille imprécations. Et les Latins, qui avoient entendu dire, que dans le premier état elle étoit favorable aux femmes grosses, firent chanter à Horace ces vers:

Montium custos nemorumque virgo Ode 22.

Quæ laborantes utero puellas
Ter vocata audis, adimisque letho
Diva triformis.

Sans nous amuser à accorder ces contrariétez qui doivent passer plûtôt pour des fables superstitieuses que pour des véritez constantes. On lit chez quelques Auteurs, que les Lunaires sont inconstans.

L'inconstance vient de la disette des esprits animaux, dont les parties différent en grosseur, en figure, & en mouvement.

La raison est, que les esprits étant différens entr'eux, & montant comme par secousses dans le cerveau, y font tantôt une impréssion, & tantôt en font une autre. L'ame est inconstante quand son siége est inconstant; son siége est inconstant lorsque les esprits montent différemment dans le cerveau, & qu'ils causent des mouvemens inégaux.

C'eſt pourquoy nous devons dire, que la matiére qui ſort du corps de la Lune eſt de telle nature ; que lorſqu'elle ſe mêle avec le ſang, elle cauſe parmy les eſprits qui ſe forment dans le cœur toute cette diverſité.

Et s'il eſt vray que la folie de ceux qui en ſont déja atteints augmente dans la pleine Lune ; qui nous empêche de dire, que la matiére, qu'elle envoie, eſt ſemblable dans la figure, la groſſeur, & le mouvement à celle qui ſort des féves lorſqu'elles ſont en fleurs : puiſque, comme on dit, elle eſt capable des mêmes effets.

Quant à ce qu'on dit, que les os des animaux ſont plus remplis de moëlle dans la nouvelle Lune, que dans le décours, c'eſt une choſe qu'on a cruë trop facilement ; & j'ai fait ſouvent l'expérience du contraire. Ainſi je croirois que la fatigue ou la maladie en seroit la veritable cause; & de fait les bêtes, qui pendant quelques jours ont été poursuivies des Chasseurs, ont les os presque vuides de moële, & ne contiennent d'ordinaire que du sang.

Il y en a qui ne veulent pas qu'on accuse la Lune de ronger les pierres. Ils s'en prennent & aux vents du midi, qui sont fort humides; parcequ'il n'y a guere que celles qui leur sont exposées qui se gâtent: & à la chaleur du Soleil, qui avec le tems est capable de calciner ces corps. Et d'autres, qui ont voulu subtilizer, disent que ce sont des vers, qui rongent les pierres qu'on trouve cavées : neanmoins on pourroit dire que certaines pierres sont au regard de la lumiére de la Lune, & de l'air de la nuit, ce que certains métaux sont au regard de quelques instrumens, & de quelques eaux : car comme pour travailler aux métaux on emploie des outils plus mols où plus durs, & qu'on se sert de certains dissolvans qui ne seroient pas propres à d'autres; de même je croirois que les raions de la Lune & les humiditez de la nuit, peuvent être capables de creuser des pierres, qui demeureroient entiéres au Soleil.

Enfin le tems peut être plus humide dans la pleine Lune, que dans les conjonctions ou les quadratures; parceque comme il n'y a point de lumiére sans chaleur, & que toute chaleur peut produire quelque mouvement dans les corps terrestres, la Lune ne manque pas d'exciter les vapeurs & les humiditez qui sont dans le sein de la terre: mais sa chaleur étant foible en comparaison de la chaleur du Soleil, elle ne peut pas comme lui les dissiper & les résoudre: c'est pourquoi les vapeurs demeurant sur la surface de la terre; nous font sentir leurs humiditez.

Desorte qu'on peut avec raison observer le tems de la Lune pour faire quelques semailles : parce que si le grain qu'on jette en terre ne trouve point d'humidité, il ne germe point ; & si il en rencontre trop, il se pourrit entierement. Mais lorsque l'humidité est modérée, elle s'insinuë doucement dans les semences, & les fait pousser au dehors : neanmoins comme la chaleur est encore requise pour donner le mouvement à ces humeurs, il est de la prudence de choisir le tems propre ; & on rapporte de Nostradamus, que ce sçavant Astrologue sçavoit si bien observer le tems de la Lune, que lors qu'on ensemençoit dans le tems qu'il marquoit, on faisoit d'amples recoltes.

Les réfléxions que nous venons de faire sur chaque Planéte, & plusieurs autres qui seroient trop longues à écrire, m'ont donné sujet de croire

croire que les divers mélanges de ces matiéres étoit capable de produire differens effets ; & quoique les Planétes ne soient pas en grand nombre, c'est je m'asseure la raison pour laquelle nous voions tant de sortes d'humeurs si diverses. La nature est comme cette artificieuse femme, qui de cinq ou six sortes de fleurs faisoit mille bouquets differens : ou comme un sçavant Cuisinier, qui d'une méme chose fait des ragousts tout divers, & prépare les mêmes viandes en cent differentes maniéres.

Nous aurions aussi à rechercher en cet endroit les proprietez des principales Etoiles : mais comme nous n'en pourrions juger qu'aprés une exacte recherche de leurs effets, nous nous en tiendrons pour le présent à l'expérience des Anciens. Au contraire nous avons montré tous les effets, qu'on attribuë aux Planétes, par leurs propres causes : d'autant que les Planétes ſont des corps ſolides, qui ſe gouvernent par certaines loix, auſquelles les corps liquides, comme les Etoiles & le Soleil, ne ſont point ſoumis.

CHAPITRE X.

Sur l'Astrologie judiciaire, & sur les Horoscopes.

ADam & Seth, au rapport de Josephe, ont été les premiers qui se sont addonnez à l'Astrologie; & selon le même Auteur, Abraham s'étant retiré en Egypte, l'apprit aux Egyptiens. Comme Adam l'avoit receuë immediatement de Dieu, il la possedoit aussi parfaitement : mais cette science qui étoit pure dans les mains de nos peres, se corrompit bien-tôt dans celles de leurs enfans. L'orgueil que le péché entretient dans l'esprit de l'homme, & l'amour propre, que la concupiscence fomente dans son cœur sont des pasſions trop violentes pour laiſſer long-temps les choſes dans la pureté originaire. Les Chaldéens, qui l'avoient receuë des premiers hommes, ne l'avoient pas beaucoup altérée : mais les Egyptiens la remplirent de beaucoup d'abſurditez.

Comme donc l'Aſtrologie commençoit à ſe dépraver, elle ſe répandit dans la Grece, où elle acheva de ſe corrompre. Les Grecs qui ne s'eſtimoient pas habiles, s'ils n'inventoient de nouvelles réveries, adjouterent cent ſuperſtitions. Ils enſeignerent que les Planétes étoient des Dieux, dont les uns étoient favorables & les autres contraires; ils ne dreſſerent plus les horoſcopes que ſur des fauſſetez; & ils attribuerent aux Conſtellations, non ſeulement les choſes, que la nature a néceſſairement jointes au corps, ils leur donnerent encore celles, que la liberté a ſoumiſes à la raiſon.

Ils persuadérent d'autant plus facilement aux peuples ces impietez, qu'il y a dans le cœur de l'homme je ne sçai quelle inclination tres-violente de sçavoir l'avenir. Ce fut une contagion, qui en peu de tems devint universelle; on rendit aux Astres des honneurs divins; on leur offrit de l'encens; & on leur raporta, comme aux véritables causes, tout le bien qu'on desiroit, & tout le mal qu'on craignoit.

Ce sont ces excez que l'Ecriture condamne dans la personne des Chaldéens; ce peuple parjure au lieu d'implorer le secours & l'assistance de Dieu dans ses entreprises, se laissa aller comme les autres à consulter les Devins. Tu t'es per-« duë, pauvre Babylone, au milieu « des vastes desseins que tu formois; « que les devins se présentent main- « tenant, & se mettent en devoir de « de te sauver; eux qui pour pré- «

Defecisti in multitudine consiliorum tuorum, stēt & salvēt te augūres cœli,

„ dire ce qui devoit t'arriver con-
„ temploient les Astres & supputoient les mois : ils sont devenus
„ semblables au chaume ; le feu les
„ a consumez, & ils ne se délivreront point du milieu des feux.

qui contemplabantur sidera & supputabant mẽses, ut ex eis annuntiarẽt ventura tibi. Ecce facti sunt quasi stipula, ignis combussit eos, non liberabunt animam suam de manu flammæ. *Isaiæ* c. 47.

Ce sont ces excez qui ont forcé l'Eglise à prononcer tant d'Arrests, & qui l'ont contrainte à faire tant de canons qui condamnent tout à fait l'usage de l'astrologie. Elle estimoit qu'on ne pouvoit détourner les hommes de toutes les abominations dont cette science étoit remplie, qu'en la condamnant tout à fait. C'est ce que fit autrefois Moïse, qui défendit absolument d'enter des arbres de différente espéce; non parce qu'il croioit que l'Ente fut mauvaise de sa nature ; mais parce qu'il vouloit empêcher un crime énorme que le peuple avoit accoûtumé de commettre en cette action.

On ne doit donc pas rejetter tous ces défauts ſur l'aſtrologie, on ne les doit rejetter que ſur les Aſtrologues. Attribuë-t-on à la Médecine les fautes du Médecin ? Impute-t-on à la Logique le méchant raiſonnement du Logicien ? Et raporte-t-on à la Réthorique les défauts de l'Orateur ? Comme les connoiſſances humaines auſſi bien que les connoiſſances révélées viennent de l'Auteur de la nature, elles ſont parfaites & accomplies en elles mêmes : & c'eſt à quoi l'on n'a pas pris garde ; on a condamné indifféremment & l'Aſtrologie & les Aſtrologues : Et comme on s'eſt formé des défauts des Aſtrologues un corps monſtrueux, qu'on a appellé Aſtrologie Judiciaire ; on a entiérement rejetté la veritable Aſtrologie. Ainſi il faut diſtinguer deux choſes ſi différentes, & ſans attaquer l'une qui eſt veritable, il faut combattre l'autre qui eſt fauſſe.

Mais pour ne point mêler les choſes ſacrées avec celles qui ſont profanes, je ne veux point me prévaloir des Ecritures, des Conciles, des Saints Peres, ni des autres Théologiens qui condamnent les Aſtrologues. Et pour ne point auſſi paroître vouloir leur inſulter, je ne raporterai point les mauvais ſuccez des horoſcopes. Je tâcherai ſeulement comme Philoſophe de combattre les Aſtrologues par des raiſonnemens.

Il y a dans le monde des erreurs ſi cachées, que les eſprits les plus éclairez ſont capables d'y tomber: Il y a d'autres erreurs au contraire ſi viſibles, que le moindre diſcernement nous en fait éviter la ſurpriſe. Les erreurs que les Aſtrologues commettent ſont de ce dernier genre, puiſqu'elles ne conſiſtent que dans un défaut d'application & à connoître les choſes, & à nous connoître nous mêmes.

Quoi-

Quoique l'expérience nous oblige de reconnoître les Influences des Astres, on ne peut cependant, selon les principes d'Aristote, & de Ptolomée les établir. Ces Philosophes veulent, ou plûtôt suposent que les cieux soient incorruptibles. Comme incorruptibles ils ne peuvent nous communiquer rien d'eux, puisque cette communication de substance suposant quelque diminution, suposeroit en même tems que les cieux seroient corruptibles. Car de dire, avec quelques-uns, que les Astres influent sur les corps sublunaires sans communiquer rien d'eux-mêmes, c'est avancer une chose contraire & au bon sens, & à la raison. Et de plus Aristote est d'accord avec tous les Philosophes, qu'un corps ne peut agir sur un autre corps sans quelque contact : Or il n'y auroit point de contact, & parconséquent les Astrologues qui suivent ces principes, sont obligez ou de recourir à d'autres ſupoſitions, ou de conclure au deſavantage des Influences.

Mais je veux que ſans rien communiquer les Aſtres agiſſent icibas, les Aſtrologues n'auront pas moins de peine à ſe débaraſſer de toutes les difficultez qui ſe préſentent. Pluſieurs obſervations que l'on a faites depuis long-tems, font aſſez voir que le ſiſtéme de Ptolomée, ſur lequel les Aſtrologues travaillent, eſt faux & inſoutenable; ou s'ils ſuivent un autre ſiſtéme, ils donnent lieu de juger qu'ils réüſſiront auſſi mal; parce que comme ils ſont obligez à prendre ſur un ſiſtéme les aphoriſmes, & les régles qu'ils doivent ſuivre; & de tirer ſuivant un autre ſiſtéme les concluſions qu'ils prétendent, il eſt néceſſaire qu'ils tombent dans une étrange confuſion.

De plus, comme ils veulent que

le ſeul regard ou aſpect d'un Aſtre change la deſtinée d'un enfant, qui vient au monde, comment dans le moment d'une naiſſance pourront-ils ſçavoir la conſtitution de tous les Aſtres. A peine peuvent-ils marquer préciſément le lieu des Planétes, & déterminer à une demie heure prés le tems des éclipſes, des nouvelles & pleines Lunes, des Equinoxes & des Solſtices: Ils avoüent eux mêmes que les cieux emportent avec tant de rapidité les Aſtres qu'ils enferment, que la ſcituation de ces corps céleſtes change plus vîte que l'imagination ne le comprend. Si donc ils réglent les promeſſes & les menaces qu'ils font ſur la ſcituation des Aſtres, de qui pourront-ils aſſeurément prédire la deſtinée? Et parmi la grande quantité d'Etoiles qu'il y a dans le ciel, comment peuvent-ils dans le même moment être attentifs à tous ces Aſtres? Nos yeux ne ſont pas aſſez ſubtils pour prendre garde à tous les pas, que peuvent faire six ou sept personnes qui dansent; ils ne raportent à l'ame qu'avec confusion la scituation de toutes ces personnes les unes à l'égard des autres, & telle personne a passé dans un lieu, qu'ils n'ont pas apperceu par où elle avoit passé. Ils peuvent encore moins raporter la scituation de tous les Astres, & dire quelles Etoiles dans le moment de la naissance dominoient sur le lieu où l'enfant a été né. Ajoustez encore que comme la machine du monde est présqu'infinie, il peut arriver une infinité de changemens, qui tous insensibles qu'ils soient, ne laissent pas selon ces principes d'être tres capables de faire de prodigieux effets sur les enfans qui naissent.

Mais voila une chose à laquelle les Astrologues n'ont sans doute pas pris gardé; ils veulent que les différentes directions des Astres causent dans les enfans qui naissent différens effets. Or il eſt certain qu'un méme Aſtre a en méme tems différentes directions : Il n'eſt pas poſſible que de l'endroit où il peut être, il regarde en droite ligne tous les lieux de la terre. Un méme Aſtre eſt donc capable en méme tems de différens effets.

Et ainſi comme le bon ſens & la raiſon obligent les Aſtrologues de rejetter ces fauſſetez; d'autant qu'ils n'en peuvent jamais faire d'uſage qui ne ſoit ridicule : il eſt viſible qu'ils ont tort de régler nos déſtinées ſelon les différens aſpects des Aſtres. Combien pendant le cours de nôtre vie arrive-t-il d'accidens qui changent & nos fortunes & nos inclinations ? Il ne ſufit pas de connoître les Aſtres céleſtes, qui dominent à la naiſſance du ſujet dont on veut former des jugemens particuliers ; il faut encore s'arreſter aux Aſtres terreſtres, qui nous environnent : Nous vivons dans le monde comme dans un ciel; & tous ceux qui nous entourent ſont comme autant d'Etoiles bonnes ou mauvaiſes, qui répandent ſur nous des Influences. Qui doute que ſi un homme d'une inclination débauchée eſt renfermé dans un Cloître; l'habitude de la dévotion n'altére ſes déportemens, & ne réprime les mouvemens de ſa paſſion. Le plus modéré trouve dans la compagnie des débauchez une Influence, qui l'incite & le force doucement à faire comme les autres.

Les Nourrices, les Précepteurs, & les Loix du païs ont une part conſidérable dans toutes nos actions. Les Nourrices qui par la transfuſion de leur ſang & de leurs eſprits, font paſſer une partie d'elles-mêmes en la perſonne de leurs nourriſſons, altérent le tempérament de l'enfant: & l'enfant ſuçant le lait, ſucce les inclinations aussi bien que les maladies de sa Nourrice.

Les Précepteurs à la conduite desquels on abandonne la jeunesse, leur communiquent d'ordinaire & les inclinations qu'ils ont, & les mouvemens qui les dominent. Ces premiers Conducteurs jouïssent des premiéres étincelles d'une raison naissante : Et comme les premiéres impressions font des effets assez remarquables sur les esprits même les plus forts ; ces premiéres teintures, dont la jeunesse est pénétrée ; prennent de si fortes racines, qu'elles donnent en suite le branle à toutes ses actions. L'esprit humain en ce tems est comme une table d'attente, sur laquelle aprés que le Précepteur a tracé les idées universelles ou du bien ou du mal, l'esprit s'en sert comme de régles infaillibles pour mesurer toutes choses à leur niveau.

Les Loix du païs maîtriſent tiranniquement nos volontez : Elles nous font blâmer toutes les coûtumes étrangéres, & nous rendent ridicules toutes celles qui ne ſont pas nées avec nous. Combien ſe trouve t-il de gens qui ne demeurent attachez à leur religion, que parce que c'étoit la religion de leurs peres & de leur païs ? Un Mahométan ne voit rien au delà de ſon Alcoran, & de ſon Prophéte : il reſſemble à celui qui ſe trouve au milieu d'une riviére dans un bateau ſans rame & ſans aviron ; quelque ſigne qu'on lui faſſe de venir à bord, il ſuit malgré lui le courant de l'eau, qui l'entraîne.

La fortune d'un parent change quelquefois nos fortunes ; elle arrache des ténébres les perſonnes & les actions que la naiſſance menaçoit d'une obſcurité perpétuelle. Le malheur de l'un fait le bonheur de l'autre : La diſgrace du miſérable Childéric fut l'élévement de Pépin; les troubles de Rome fraïérent à César un chemin à l'Empire.

Les femmes influent quelquefois puissamment dessus nous; & de toutes les influences, qui régnent sur elles; il n'y en a point de plus puissante que l'occasion & la commodité de pécher. Combien y en a-t il qui ne sont chastes que parce qu'elles n'ont point été recherchées? Le jour & la nuit ont leurs influences particuliéres: Le jour masque nos actions, & s'il ne nous inspire l'amour de la vertu, au moins nous en fait-il embrasser l'image; la nuit met le masque sur la toilette, elle sert à dépoüiller les grimaces aussi bien que les vêtemens, que nous n'avions pris que pour les yeux d'autrui; & pour peu que nous aions inclination à mal faire, elle nous porte à toutes sortes de crimes; les filles mêmes que le jour rend ſi craintives, trouvent de l'aſſeurance dans la nuit; & elles quittent ſouvent le mépris & la ſévérité, qui pendant le jour les rendent inſenſibles aux plaintes d'un amant.

La nature humaine ſe rend ſi ſouple, ſi maniable, & ſi ſuſceptible de formes diverſes; que dans la conduite de nôtre vie, l'exemple d'un ami, l'entretien d'un ſeul homme nous incline ou au bien ou au mal. Un chef de famille ſur ſes domeſtiques; un Prince ſur ſes Officiers; un Souverain ſur ſes ſujets influë les différentes paſſions, où la nature l'incline. S'il aime la chaſſe, il ſemble que ceux qui le ſuivent n'aient été nourris que dans les bois, tant ils témoignent d'ardeur pour la chaſſe: S'il aime les femmes, il ne ſe parle que de bonne fortune; tous les ſujets ſe rendent ſi complaiſans aux yeux de leur Prince, que pour contracter une ſeconde nature, ils renoncent à leurs premiéres inclinations: Sa vie eſt une fontaine publique, où ils puiſent leurs ſentimens; c'eſt un miroir où ils ſe réglent & ſe compoſent: Enfin la paſſion d'un Souverain eſt un Aſtre, qui transſmet ſes Influences dans l'ame de ſes ſujets.

Et pour dire quelque choſe des conditions où la naiſſance nous appelle, celui qui épouſe les intéreſts de ſon ami, & qui de ſang froid ſe va battre contre un homme qui ne la point offencé; ne doit imputer une rencontre ſi malheureuſe, qu'au choix qu'il a fait de la profeſſion des armes. Les autres qui pour une plus grande tranquilité de vie, ſe ſont jettez dans la robe & dans les charges de Judicature, peuvent rendre une preuve certaine des Aſtres, qui dominent quelquefois en la déciſion des procez: En l'un la conſidération de l'intérêt, en l'autre la recommandation d'un ami ; en l'un les charmes d'une belle qui ſollicite , en l'autre l'averſion de ſuivre l'avis propoſé par celui qui déplaît : Enfin les différentes paſſions, dont ils ſe trouvent alors agitez , ſont autant d'Aſtres qui préſident à la délibération des hommes : & leurs influences forment des loix, auſquelles nous donnons ſouvent & nos reſpects & nos ſouſmiſſions.

Mais pour découvrir davantage la vanité des Aſtrologues : S'il eſt vrai que nous attendons des Aſtres nôtre bonheur ou nôtre malheur ; ſi nous recevons d'eux & les régles de nôtre vie, & le genre de nôtre mort : il faut donc dire , que ceux qui vont à la guerre , & qui y meurent enſemble, ont trouvé le ciel dans une même diſpoſition à leur égard ; il faut dire qu'un navire qui dans un long voiage périt, n'avoit receu que ceux que les Aſtres avoient deſtiné pour faire naufrage ;

il faut dire que les mêmes Astres sont causes, que les vents se sont élevez; que la mer s'est irritée; que le vaisseau s'est brisé, ou que le Pilote a échoüé contre un banc de sable: Il faut dire, que lorsqu'un homme est élevé à de hautes dignitez par le sufrage d'un grand nombre de personnes; les Astres qui dominoient à la naissance de cet homme, ont contraint ces personnes, qui n'étoient peut-être pas encore au monde, de donner leurs voix, desquelles dépendoient ces honneurs à venir.

Où demeure donc cette puissance, qui est cause de nôtre fortune, ou de nôtre malheur; de nôtre vie ou de nôtre mort: elle ne demeure pas dans le ciel, le cours continuel des Astres change à tous momens la face du ciel; en quoi ils la pourroient faire consister: Elle ne demeure pas non plus dans l'enfant, qui vient au monde, qui la réveilleroit pour lui faire quelquefois produire un effet au bout de ſoixante ou quatre-vingt années ? Et d'où pourroit venir un aſſoupiſſement ſi long, pendant lequel elle auroit été ſans rien faire ?

Certainement ces ſentimens ne ſont pas ſeulement ridicules, ils ſont encore tres-dangereux : Que deviendroit la liberté de l'homme ? Que deviendroit la providence de Dieu ? Ce ne ſeroit pas nôtre volonté propre qui feroit l'adultére, ce ſeroit Venus ; ce ne ſeroit pas nôtre volonté propre qui feroit l'homicide, ce ſeroit Mars : Ce ne ſeroit pas Dieu qui feroit l'homme juſte, ce ſeroit Jupiter ; & les bons ne mériteroient pas plus de loüange, des vertus qu'ils pratiquent, que les méchans mériteroient de blâme des crimes qu'ils commettent : Enfin le tribut de loüange, que l'on rend aux Princes aprés leurs victoires, ne ſeroit tout au plus, que de l'encens qu'on offriroit, non pas à leurs vertus, mais à la puiſſance des Aſtres, qui ſeuls les auroit rendus victorieux.

C'eſt donc une opinion autant abſurde que contraire à la Religion ; & l'homme n'a que trop d'occaſions de s'abandonner, ſans lui fournir encore ces moiens capables de lui faire perdre tout les ſentimens de piété. Ce n'eſt pas, « comme quelques-uns ſoutiennent ſottement, dit Saint Cyrille, ni vôtre naiſſance qui vous fait pécher, ni la fortune qui vous fait commettre des impuretez, ni les conjonctions des Aſtres, qui vous obligent malgré vous à des actions honteuſes & laſcives. Pourquoi refuſez-vous donc d'avoüer vos crimes ? & pourquoi en rejettez-vous la cauſe ſur les Aſtres, qui n'en ſont point coupables ? »

S. Cyrile parlant de l'ame. nõ natalia te ad peccandum cõpellunt, neque fortuna facit ut mæcheris, neq; , ſicut quidam blaterãt, Aſtrorum conjunctiones te ad ſcortationes & laſci-

L'homme eſt toujours libre : il eſt donc digne de loüange ou de blâme, ſelon qu'il ſuit le bien ou qu'il fait le mal; & ſa liberté lui faiſant embraſſer tantôt une choſe & tantôt une autre, quelquefois ſuivant ſon inclination, & quelquefois auſſi contre ſon inclination: on ne peut dire aſſeurément les choſes, qui lui doivent arriver dans la vie, puis qu'en modérant ſon inclination, il évite ce qu'elle auroit cauſée, s'il l'avoit ſuivie. Alexandre, quoique tres-adonné aux femmes, ne voulut point toucher les filles de Darius ſes captives.

vias invitum trahunt: Quid cauſæ eſt quamobrem de tuis confiteri vitiis recuſans, ſyderibus attribuas quæ ſunt omnê extra culpam poſita.

Ainſi il faut avoüer que les Aſtres agiſſans ſur nos corps ne néceſſitent point nos volontez; il eſt toujours en nôtre pouvoir de conſentir ou de réſiſter aux mouvemens qu'ils excitent dans nous. L'union des penſées avec les mouvemens, quoique tres étroite, n'eſt pas indiſſoluble: on la romp en effet quelquefois ou par induſtrie, ou par habitude. Si lorſque la paſſion, par exemple, nous porte à prendre vangeance d'une d'une injure, nous nous repréſentons qu'il y a & plus de gloire & plus de mérite à pardonner qu'à punir; alors le mouvement du ſang & des eſprits, qui incitoit l'ame à la penſée de ſe vanger, ſe joindra à la penſée de pardonner : Et même on acquiert ſouvent cette habitude par une ſeule action. On parle d'un certain voluptueux, qui aiant vû par hazard la diſſection d'une femme; eut tout le reſte de ſa vie de l'horreur pour le ſexe.

Enfin la liberté de l'homme n'a point de bornes, elle s'arrête où il lui plaît & où elle veut s'arrêter. Un eſprit bien inſtruit s'éléve au deſſus de tous les Aſtres. Un Anaxarque voulant ſurmonter ſon impatience naturelle, ſe montra inébranlable ſous les pilons de Denis ſon tiran : Un Perégrin affectant ſon ſtoïſme, ſouffrit conſtamment le feu juſqu'à la mort : Et Socrate recherchant la gloire, vainquit le penchant qu'il avoit aux plaiſirs. La volonté n'a donc qu'à vouloir pour venir à bout des choſes qui dépendent d'elle: Elle n'a qu'à vouloir vaincre ſes paſſions pour les vaincre en effet : Mais j'entens parler d'une volonté parfaite & entiére ; d'une volonté qui eſt ferme dans ſes réſolutions ; qui demeure conſtante dans ſes entrepriſes ; qui eſt inébranlable à toutes les oppoſitions ; qui paſſe pardeſſus toutes les difficultez : & non pas d'une volonté imparfaite, & que l'on peut plûtôt appeller comme, dit S. Thomas, velléité : l'ame voudroit, mais elle ne veut pas;& bienloin de ſe déterminer à ſuivre des jugemens certains, elle ſe laiſſe continuellement emporter aux paſſions préſentes : Et ces paſſions étant ſouvent contraires les unes aux autres, la tirent tour à tour à leur parti ; c'eſt à dire que la volonté obeïſſant tantôt à l'une & tantôt obeïſſant à l'autre , s'oppoſe perpétuellement à elle-même.

C'eſt pourquoi la victoire des paſſions demande qu'on ſe faſſe violence à ſoi-même : le mouvement des eſprits pouſſant l'ame à produire la penſée, à laquelle il eſt joint, elle a beſoin d'une générosité extraordinaire pour s'empêcher de produire une penſée contraire : Je dis d'une générosité extraordinaire, parce que l'amour, que l'ame porte au corps étant exceſſif ; ce n'eſt qu'à grand peine, qu'elle lui refuſe quelque choſe.

Avoüons donc que les Aſtrologues ne peuvent faire de jugemens certains de nos actions particuliéres : Avoüons qu'ils ne ſçauroient deviner quel ſera nôtre ſort: & que parce que nôtre vie eſt entre les mains de Dieu, c'eſt en vain qu'ils prétendent déterminer & l'heure & le genre de nôtre mort.

Comme nos actions dépendent

de trois cauſes, il faudroit, afin que les Aſtrologues puſſent reüſſir, qu'ils pénétraſſent juſques dans le fond de ces cauſes. Elles dépendent de Dieu; de nôtre volonté, & des autres Etres: Elles dépendent de Dieu; parce que Dieu & comme cauſe des créatures & comme auteur de la grace, aplique nôtre volonté à quoi il lui plaît; & il la meut, la tourne, la fléchit, & la porte où il veut: Elles dépendent de nôtre volonté; parce que la volonté étant une puiſſance libre, commande à toutes nos autres facultez: Elles dépendent des autres Etres; parce que nous ne jugeons, nous ne voulons, nous n'agiſſons guére, que ſelon nos diſpoſitions préſentes; & ces diſpoſitions dépendent d'une infinité de cauſes. Or l'homme pénétre-t-il dans les ſecrets de Dieu? Sçait-il ſes deſſeins ſur nous? Comme ſa volonté eſt infinie, il y a une infinité de plis & replis inconnus & inacceſſibles à l'eſprit humain.

L'homme pénétre-t-il dans la volonté de l'homme? Plus il y pénétre, plus il y voit d'indifférence, & moins il peut deviner les actions qu'elle produira. L'homme enfin connoît-il la subordination des autres Etres? Sçait-il tous les changemens qui arriveront? Voit-il toutes les rencontres, & tous les accidens qui changeront nos dispositions? La prudence la plus consommée ne sçauroit nous asseurer du plus petit effet du monde: Comme elle travaille sur une matiére aussi changeante, qu'est la volonté humaine, & aussi inconnnë qu'est l'avenir; Elle ne peut executer seurement aucun de ses projets: Dieu seul, qui tient tous les cœurs des hommes entre ses mains, & qui, quand il lui plaît, peut en accorder les mouvemens, fait reüssir les choses qui en dépendent: D'où il faut conclure, que toutes les loüanges, dont nôtre ignorance & nôtre vanité flattent nôtre sagesse; sont autant d'injures que nous faiſons à la providence Divine.

Ainſi c'eſt une témérité criminelle de prétendre percer les ténébres épaiſſes de l'avenir : nos yeux ſont trop foibles, & le tems eſt un voile trop obſcur. Je ſçai qu'on dit, que les Aſtrologues prédiſent ſouvent des choſes, que l'expérience confirme en ſuite : Mais quelle conſéquence en peut-on tirer ? De ce qu'un aveugle frape une ou deux fois le but d'une quantité de pierres qu'il aura jettées ; on ne doit pas conclure qu'il voie le but : Les horoſcopiſtes diſent d'ordinaire tant de choſes, qu'il eſt bien difficile qu'on n'en rencontre quelqu'une de vraie.

Enfin nous pouvons conclure qu'on ne peut avoir que de foibles conjectures des choſes qui nous doivent arriver dans la vie; & qu'on ne ſçauroit juger qu'en général, de la ſanté ou de la maladie, de la fortune ou de l'infortune d'un enfant nouveau né : Si l'enfant naît, par exemple, ſous un ſigne tempéré, l'on peut fort bien conclure qu'il ſera d'une humeur plus ou moins tempérée ; que la conſtitution des parens, & la qualité du climat ſont plus ou moins correſpondantes aux influences de ce ſigne ; l'on peut conclure qu'il ſera ſain, parce que la ſanté eſt un aſſemblage juſte de qualitez ; l'on peut conclure qu'il ſera doux & affable, parce que la douceur & l'affabilité conſiſtent dans un tempérament modéré ; enfin, comme ces deux qualitez attirent l'amour de tout le monde, & que l'amour des autres cauſe nôtre bonheur ; l'on peut conclure qu'il ſera aimable & heureux.

C'eſt le jugement que les Aſtrologues peuvent faire ſur une naiſſance. Et c'eſt au raport de pluſieurs Rabins, tout ce que nos premiers peres faiſoient. Les horoſcopes qu'ils dreſſoient, ne s'étendoient point ſur les accidens particuliers, ils ne s'étendoient que ſur les faits généraux : & comme ſelon les différentes inclinations on ſe porte d'ordinaire à différentes choſes ; ils ne diſoient, ſans toutefois rien déterminer, que les actions qui ſuivent les inclinations.

Il faut pourtant avoüer que l'on peut, ſuivant la domination des Aſtres, conjecturer quelques unes de nos actions particuliéres. Comme les Aſtres, qui ont dominé à nôtre naiſſance, réveillent nos humeurs, lorſqu'ils ſe rencontrent dans la même diſpoſition qu'au premier moment de nôtre vie : ils nous font produire quelques actions, que nous ne produirions pas, ſi nous n'étions extraordinairement agitez.

Voila ce que j'ai maintenant à dire

dire des Influences des Aſtres. Je croirai avoir beaucoup avancé, ſi j'ai ſeulement approché de la vraiſemblance. Ces ſortes de choſes ſont en même tems ſi hautes & ſi obſcures, que c'eſt les connoître, autant que l'eſprit humain en eſt capable, que de ſçavoir qu'elles peuvent être comme on les décrit; & qu'on ne trouve aucune contradiction, ni aucune abſurdité dans l'explication qu'on leur donne. Il ne faut pas demander dans toutes les ſciences des propoſitions abſolument néceſſaires: Il y a des diſciplines qui ont le nom de ſcience, & qui n'ont pas la certitude de Géométrie. On doit faire diſtinction des matiéres; & c'eſt un défaut d'exiger par tout des démonſtrations de Mathematiques.

Il y a, dit un grand homme, différens degrez de preuves. Il y en a qui montrent qu'une choſe eſt certaine; & d'autres qui montrent qu'elle eſt vrai-ſemblable; & ſouvent de pluſieurs vrai-ſemblances on tire quelque choſe de certain que tous les eſprits raiſonnables doivent reconnoître. Il eſt vrai que dans la ſcience des Influences, on n'a que des conjectures : mais puiſqu'elles s'accordent ſi bien, il ſemble qu'on ne doit point les rejetter.

C'eſt donc un ſujet à des eſprits plus éclairez de pouſſer plus avant les preuves que je n'ai fait qu'ébaucher. Je me contente d'avoir jetté des fondemens ; je laiſſe aux autres à élever l'édifice ; & je ne doute point que ſi l'on s'apliquoit principalement à chercher la nature de chaque Aſtre en particulier, & à obſerver le tems de ſa domination, on ne rendit cette ſcience fort conſidérable.

FIN.

EXTRAIT DU PRIVILEGE du Roy.

PAR Grace & Privilege du Roy, donné à Paris le 12. jour d'Octobre 1669. Il est permis à C.G. de faire imprimer par tel Imprimeur ou Libraire qu'il jugera à propos, un livre intitulé *Discours sur les Influences*, pendant le tems de cinq années; avec défense à tous autres de l'imprimer, vendre & distribuer, sur les peines portées, par lesdites Lettres de Privilege.

Ledit Sieur C. G. à cedé son Privilege à JEAN-BAPTISTE COIGNARD, Imprimeur & Libraire à Paris, suivant l'accord fait entr'eux.

Registré sur le Livre de la Communauté le 18. Février 1671.

L. SEVESTRE Syndic.

Achevé d'imprimer pour la premiere fois, le 18. Fevrier 1671.

FAUTES SURVENUES en l'Impreſſion.

Pag.	*Lig.*	
63	21.	de décroüies, *mettez* d'Ecroües.
92	17.	e, *mettez* de.
97	18.	des, *mettez* de ſes.
110	17.	qualité, *mettez* quantité.
166	21.	l'amour, *mettez* l'amant.

www.ingramcontent.com/pod-product-compliance
Ingram Content Group UK Ltd.
Pitfield, Milton Keynes, MK11 3LW, UK
UKHW021058230726
13926UKWH00004B/1923

9 782013 553162